沉积地质学与矿产地质学研究系列专著

湖 北 省 学 术 著 作 出 版 专 项 资 金
贵州省科学技术基金项目（黔科合基础〔2019〕1179号） 联合资助
贵州省地矿局地质科学技术研究项目（黔地矿科合〔2012〕8号、〔2016〕30号）

江南造山带西段新元古代下江群沉积地质与原型盆地演化

Sedimentary Geology and Prototype Basin Evolution of the Neoproterozoic Xiajiang Group in the Western Jiangnan Orogenic Belt

覃永军 杜远生 著

中国地质大学出版社
CHINA UNIVERSITY OF GEOSCIENCES PRESS

图书在版编目(CIP)数据

江南造山带西段新元古代下江群沉积地质与原型盆地演化/覃永军等著.—武汉:中国地质大学出版社,2020.7
(沉积地质学与矿产地质学研究系列专著)
ISBN 978-7-5625-4852-2

Ⅰ.①江…
Ⅱ.①覃…
Ⅲ.①造山带-沉积环境-地质-研究-贵州-新元古代
Ⅳ.①P548.273

中国版本图书馆 CIP 数据核字(2020)第 187182 号

江南造山带西段新元古代下江群沉积地质与原型盆地演化	覃永军 杜远生 著
责任编辑:马 严	责任校对:张咏梅
出版发行:中国地质大学出版社(武汉市洪山区鲁磨路388号)	邮政编码:430074
电 话:(027)67883511　　传真:67883580	E-mail:cbb@cug.edu.cn
经 销:全国新华书店	http://cugp.cug.edu.cn
开本:787 毫米×1092 毫米 1/16	字数:228 千字　印张:9
版次:2020 年 7 月第 1 版	印次:2020 年 7 月第 1 次印刷
印刷:湖北睿智印务有限公司	印数:1—800 册
ISBN 978-7-5625-4852-2	定价:58.00 元

如有印装质量问题请与印刷厂联系调换

前 言

江南造山带是华南地区最重要的一个构造带。20世纪70—80年代,对华南大地构造大致有两种认识:一是认为沿着扬子板块东南缘的多期次增生(叠接)形成了华南板块,二是认为江南造山带以东的华夏地区存在诸多地块(地体),这些地块与扬子地块聚合形成华南板块。20世纪末以来,一般认为华南板块由扬子地块、华夏地块及二者之间的江南造山带组成,扬子地块和华夏地块的拼合形成了江南造山带,并导致统一的华南板块的形成,但对江南造山带的盆地性质、构造演化和动力学机制,一直存在不同认识。笔者通过对江南造山带西段(贵州段)新元古代下江群地层学、沉积学、沉积地球化学和物源分析等方面的系统研究,有以下发现:①下江群代表了新元古代晚期815~720Ma的地层记录;②下江群沉积环境显示由陆相—浅水海相逐渐加深到半深海相(甲路组—清水江组),再逐渐变浅到滨岸相(平略组—隆里组),古地理也印证了这个沉积环境的变化过程,反映下江群的沉积盆地性质发生过从伸展扩张到挤压萎缩的转换过程,其转换时间为清水江组沉积期;③物源分析反映下江群的沉积物源受东南侧的岛弧物源(活动构造环境)控制,下江群为弧后裂谷沉积;④总结了江南造山带西段新元古代下江群时期的活动大陆边缘盆地及其构造演化过程。

著 者
2020年5月

目 录

第一章 绪 言 ……………………………………………………………… (1)
一、造山带沉积学的研究现状与进展 ……………………………………… (1)
二、物源分析方法的研究现状与进展 ……………………………………… (2)
三、下江群的研究现状与进展 ……………………………………………… (5)
四、研究内容与阶段 ………………………………………………………… (7)
五、主要研究方法 …………………………………………………………… (8)

第二章 区域地质背景 …………………………………………………… (10)
一、大地构造位置 …………………………………………………………… (10)
二、新元古代地层概况 ……………………………………………………… (11)
三、新元古代岩浆岩特征 …………………………………………………… (15)
四、新元古代变质作用 ……………………………………………………… (20)
五、新元古代构造样式 ……………………………………………………… (20)
六、新元古代构造演化 ……………………………………………………… (20)

第三章 下江群的岩石地层和年代地层 ……………………………… (22)
一、下江群的岩石地层 ……………………………………………………… (22)
二、下江群的年代地层 ……………………………………………………… (30)

第四章 下江群的沉积特征与沉积演化 ……………………………… (46)
一、下江群的沉积相 ………………………………………………………… (46)
二、下江群的事件沉积 ……………………………………………………… (61)

三、下江群的沉积古地理 …………………………………………………（65）
　　四、下江群的沉积演化 ……………………………………………………（73）

第五章　下江群的沉积盆地性质及演化 ………………………………………（78）
　　一、样品信息 ………………………………………………………………（78）
　　二、下江群的沉积盆地性质 ………………………………………………（96）
　　三、下江群的沉积盆地演化 ………………………………………………（117）

第六章　结　论 …………………………………………………………………（120）

　主要参考文献 …………………………………………………………………（123）

第一章 绪 言

造山带和沉积盆地是地球演化的两个基本地质单元,二者在时间、空间、物质和能量等方面有着密切的耦合关系。经历长期而复杂地质过程的造山带,其物质成分和岩石组构都发生了巨大的改变,造山带自身保存的物质信息很难全面恢复造山作用过程(杨江海,2012)。造山带控制相邻沉积盆地的形成和演化,主要控制沉积盆地的沉降、沉积作用、沉积体系和物质来源等。因此,盆地中的沉积物质不仅携带了造山带自身信息,其沉积过程也必然记录了造山作用过程的大量信息,是盆山耦合作用最敏感和最连续的直接记录。盆地沉积物的时代、物质组成、物质来源、充填序列、沉积体系和沉积构型、同沉积构造及岩浆活动等是分析恢复原型盆地及其所处大地构造背景的基础(徐亚军等,2018),可以为反演和重建相邻造山带演化及动力学状态提供新的视角和佐证。

江南造山带西段(湘黔桂毗邻区)是扬子地块与华夏地块长期拼贴形成统一华南板块的产物,其出露最老地层为梵净山群、四堡群和冷家溪群,分布最广的为下江群、丹洲群和板溪群,有效地保存了武陵运动(四堡运动)、雪峰运动的构造层,是研究江南造山带早期形成与演化的理想场所。目前主流观点认为江南造山带武陵运动之前属于沟-弧-盆构造体系。但武陵运动之后,尤其是武陵运动至雪峰运动之间的江南造山带的大地构造性质逐渐成为地学研究的热点和具有争议的话题。而下江群是武陵运动与雪峰运动之间的沉积产物,地层中大量发育的沉凝灰岩、含凝灰质碎屑岩和碎屑岩是研究武陵运动之后盆山作用的良好记录。笔者试图以造山带沉积地质学的研究思路和方法,研究下江群地层的沉积学及岩相学、碎屑岩的岩石矿物学、地球化学、锆石年代学及地球化学等内容,恢复下江群时期的原型盆地及其所处的大地构造背景,以盆地内部火山活动物质记录建立沉积盆地的地层年代格架,探讨下江群盆地的沉积-构造响应、时空机制等盆地转换关键过程,逆溯扬子地块与华夏地块在武陵运动和雪峰运动中的构造作用过程与动力学机制。

一、造山带沉积学的研究现状与进展

20世纪70年代以来,随着板块学说的诞生,大地构造学被引入沉积盆地研究,催生了造山带沉积学。造山带沉积学初期仅将沉积盆地演化与造山作用进行统一描述,一般以沉积盆地构造位置和决定沉积盆地的构造应力作为划分盆地类型的依据,没有深入研究沉积盆地与造山带形成的动力学机制和相互作用。到20世纪80年代,开始系统研究同造山带碎屑沉积记录与沉积盆地属性之间的耦合关系(Cawood,1983)。

20世纪末,造山带沉积学研究步入关键发展期。国际地学界将沉积盆地与造山带作为有机整体进行研究,标志着造山带沉积学进入新时期。这个时期的造山带沉积学主要开展盆-山耦合过程、机理和耦合过程中沉积作用的演化等研究(许志琴等,2008)。国外研究内容主要包括沉积盆地成因及其与大地构造的关系、盆地沉降机制与构造过程的关系、原型盆地类型及动力学演化过程(Dickinson and Suczek,1979;Ingersoll et al,1984;Dickinson et al,1997;Lenaz et al,2000;Becker et al,2006)。国内造山带沉积学的研究虽然起步相对较晚,但很快提出了盆-山耦合的概念,并逐渐发展为一种新的理论(李思田,1995)。

进入21世纪后,随着科学技术的不断发展,越来越多的高精度实验技术和手段(高精度沉积物源体系分析方法、定量约束造山带隆升剥蚀历史和盆山演化定量数值模拟技术等)运用到造山带沉积学研究中,促使造山带沉积学迅速发展。在精细反演沉积盆地构造环境、源区特征、古气候与古地理演变过程,客观再现沉积盆地与相邻造山带的时空耦合关系,重塑造山带隆升历史和沉积动力学机制等领域不断拓展(胡丽沙,2015)。造山带沉积学的迅猛发展对地球科学产生了促进作用。这个时期,我国造山带沉积学的研究特点表现为涉及范围广泛、时间跨度大。主要涉及的研究地区有秦岭—大别造山带与黄石盆地(杜远生,1998),潜山盆地和合肥盆地(李忠等,1999),北祁连造山带与周缘盆地(Xu et al,2010),天山造山带与周缘盆地(Zhang,1997),华南造山带与周缘盆地(Wang Y J,et al,2013;杜远生等,2013;Xu Y J,et al,2013,2014)等。

当前,造山带沉积学已经具有综合学科地位。研究盆山耦合作用及其动力学机制须综合考虑板块构造位置、造山带类型及演化过程、沉积盆地充填序列和沉降机制、构造演化、古气候及古地理特征等多方面的因素。

二、物源分析方法的研究现状与进展

碎屑沉积物蕴含着丰富的地球动力学信息,不仅记录物源从源区搬运到盆地的沉积过程,也继承或保留了物源区(造山带)深部的构造特性。物源数据可以重建古地理,特别是在构造复杂的地区能够指示盆地的走滑特征,了解造山带隆升和构造剥蚀过程,推定物源区深部的构造演化,判断盆地的构造背景和地壳的生长演化(Morton et al,1991)。因此,物源分析被大量应用于沉积盆地的形成和构造演化研究中,成为造山带沉积学的研究热点。完整的物源分析一般包含源区位置,母岩性质、层位及组合特征,搬运距离和搬运途径等。主要的研究方法有沉积学方法、碎屑颗粒模式组成方法、碎屑岩地球化学方法、重矿物的矿物学和同位素组成方法、同位素年代学方法等。

(一)沉积学方法

沉积学方法主要包括野外沉积学现象观察分析和物源古流向数据测量。地层之间在不同时空下的整合、平行不整合、角度不整合的接触关系展布和变化规律可以反映盆山格局及其随时间的迁移过程(Xu Y J,et al,2014)。砾岩中砾石展布方向、沉积岩中的交错层理及波痕等原生沉积构造定向性方向等特征可以判断古流向,进而确定砂体和古斜坡走向、推测海/湖岸的走向,从而确定盆地边缘位置和潜在物源区方位(王成善和李祥辉,2003)。

(二)碎屑颗粒模式组成方法

碎屑颗粒模式组成方法主要是统计分析碎屑颗粒组成,包括石英(单晶石英、多晶石英)、长石(斜长石类、碱性长石类)和岩屑(火山岩屑、沉积岩屑和变质岩屑)的种类、含量、形态来反映物源区及物源区的大地构造背景(Dickinson,1970;Ingersoll et al,1984,Dickinson et al,1983,1997)。这种方法要求砂岩粒度在细砂级及以上(Rooney and Basu,1994),变质程度低。Dickinson 等(1979,1983)统计、对比和判断分析了广泛分布全球各地的数百个已知构造环境的碎屑岩组分,建立了不同构造环境的砂岩颗粒模式组成的定量判别标准和三角判别模式,即用石英(Q)-长石(F)-不稳定岩屑(L)三角判别图区分稳定大陆克拉通大陆块、岩浆弧和再旋回造山带 3 个物源区;用单晶石英(Om)-长石(F)-岩屑总量(Lt)三角图解区分稳定大陆克拉通大陆块、岩浆弧和再旋回造山带 3 个物源区;用多晶石英(Qp)-火山岩岩屑(Lv)-沉积岩岩屑(Ls)三角判别图区分俯冲杂岩物源、碰撞造山带和弧造山带等 3 个物源区。为改善因水动力分选和颗粒大小所带来的影响,Garzanti 等(2009)引入陆源颗粒的加权平均密度,结果证实对现代沉积非常有效。随着简单和直观的 Gazzi-Dickinson 三角图解模型的不断补充和完善,研究结果能比较准确地反映物源区信息。

(三)碎屑岩地球化学方法

不同构造背景的岩石具有不同的地球化学特征,可以用元素比值和图解来判别物源区的性质和构造背景(Bhatia,1983;Bhatia and Crook,1986;Roser and Korsch,1986,1988;Kumon and Kiminami,1994)。具有较强惰性的稀土元素和高场强元素在沉积物风化、搬运、成岩和低级变质过程中具有较低的活性,导致沉积物中最终保留或继承了这些元素在源岩中的初始特征;而具有较强活性的元素在风化剥蚀、搬运和沉积的过程中容易变化,它们的变化程度与比值及变化趋势也具有特殊的指示意义,因此,稀土元素模式图可以用来指示物源区信息(Taylor and Mclennan,1985),而化学蚀变指数 CIA 则可以指示沉积物的风化程度。碎屑岩地球化学法的不足在于它不能有效区分自生矿物与沉积物(胡丽沙,2015),且受到诸如源岩类型、风化剥蚀程度、沉积再循环过程、沉积分选和成岩作用等多种因素的影响。特别是主量元素受到成岩及其后生作用的影响较大,如热液作用会导致 SiO_2 含量的突然增高(Kasanzu et al,2008),而钙化作用造成 CaO 的离散分布(Gu,1994),Na^+ 较 K^+ 更易流失造成 K_2O/Na_2O 比值的变小等。碎屑颗粒的大小及分布的不均匀性导致其对地球化学元素数据的影响具有不规则性。一般来讲,细粒及以下的碎屑岩的全岩地球化学可能更为准确地代表源区岩石的地球化学特征；而对于砾岩的物源区，则可以直接统计砾岩的砾石成分、含量和比值以及通过测试砾石地球化学来反映源区母岩的成分和组合特征。

(四)重矿物的矿物学和同位素组成方法

重矿物具有耐磨性和极强的稳定性，能很好地保留或继承母岩的特征，因此重矿物或单矿物研究方法在物源分析中占有较为重要的地位(和钟铧等,2001)。它的原理和方法是通过先进仪器设备分析检测矿物的化学组分、含量、类型、光学性质等，利用其特性追溯物源区。

碎屑重矿物的组合能追踪或恢复物源区沉积物性质、古气候和构造背景，以及碎屑沉积物搬运距离与过程(Morton and Johnson,1993)。目前常用于示踪物源的单矿物有辉石、尖晶石、石榴石、镁铝榴石或铁铝榴石、锆石、磷灰石、金红石、绿帘石、角闪石、十字石、电气石等。例如根据辉石化学组分的特异性，辉石的 $w(Ti)-w(Ca+Na)$ 图解可以区分有关拉斑玄武岩或是碱性玄武岩的物源区，而 $w(Ti+Cr)-w(Ca)$ 图解可以区分造山带或非造山带物源区(Leterrier et al,1982)。在具 MORB 型源区的碎屑尖晶石和弧后盆地源区的碎屑尖晶石中的 Cr、Al、Fe^{2+}/Fe^{3+} 和 TiO_2 等元素地球化学含量或比值具有明显区别(Lenaz et al,2000)。石榴石的类型和组合、地球化学参数以及由此组成的三角判别图解[P(镁铝榴石)-AS(铁铝榴石+锰铝榴石)-GA(钙铝榴石+铁铝榴石)]可以追溯物源区(Morton et al,2005)。

目前锆石原位微量元素成为研究热点，但对其是否能够用来区分源区的认识尚不一致。一种观点认为锆石地球化学组分不具有源区判别意义，因为不同类型岩石的锆石稀土元素具有非常相似的配分模式(Hoskin and Ireland,2000)。另一种观点认为锆石的地球化学组分具有指示源岩源区的意义：譬如现代洋壳锆石和陆壳锆石中的 Th 等元素含量和 U/Yb 等比值具有明显差别(Grimes et al,2007)，大洋中脊玄武岩、岛弧玄武岩和洋岛玄武岩等岩类的锆石的 Yb、Nb 和 Th 等特征元素也具有差异(Schulz et al,2006)，A 型花岗质岩石和岛弧花岗质岩中锆石的 Hf-Th/U 图解的区别也较为明显(Hawkesworth and Kemp,2006)，基于不同类型岩石中的锆石的特征元素地球化学及其比值可以建立不同类型岩石的判别图解(杨江海,2012;Belousova et al,2002)。

(五)同位素年代学方法

锆石普遍存在于岩浆岩、沉积岩和变质岩中，它的封闭温度极高(>800℃)，具有极好的抗风化蚀变和热蚀变的能力，这一特性使得它在物源区风化剥蚀、搬运分选和沉积成岩，并在多次沉积再循环过程中能保持高度稳定性。锆石是示踪源区和地壳演化的理想载体(Fedo et al,2003)。锆石一般是在岩浆成岩过程中形成的，它代表着区域性岩浆活动或造山事件，特定的板块及其位置的形成环境具有特征性，它们的岩浆年龄或岩浆年龄谱具有指示意义。建立源区特征年龄和特征年龄谱，并把获取的沉积岩的年龄谱与之开展相关性分析,是能否成功利用碎屑锆石U-Pb年代学进行源区分析和确定物源区的关键。而结合锆石Hf同位素组成可以更为精确地区分在同一时间、不同岩浆过程中结晶的锆石(吴福元等,2007),从而更为准确地判断物源区和提供源岩母体岩浆信息,深化对区域构造演化的认识(Wu et al,2007)。

另一方面,锆石封闭温度高,无法记录地史时期经历的中、低温变质作用的物源区信息,因此,近年来一些学者开始利用沉积物中的中、低温矿物的同位素年龄进行物源判别,如利用磷灰石、独居石、金红石的U-Pb年代学(万渝生等,2004;Bracciali et al,2013;Mark et al,2016)、黑云母、白云母Ar-Ar年代学(Pierce et al,2014)等。目前,正逐渐兴起对比使用中、碎屑锆石同位素年代学与低温矿物的同位素年代学,来更为全面地获得沉积物源区的位置以及造山带演化信息(徐亚军等,2018)。

三、下江群的研究现状与进展

(一)下江群的沉积时限

下江群分布在江南造山带西段,是一套浅变质陆源碎屑岩夹火山碎屑岩组合,地层中缺乏岩性标志层和有效的生物化石及全球性地球化学事件等,早期受限于测试技术,地层年代学资料稀少,其时代归属与划分,特别是区域地层对比一直未能得到很好的解决,严重制约了江南造山带西段基础地学研究进程,从而一定程度上制约了研究扬子地块与华夏地块碰撞拼贴的时间、性质与机制。

早期主流观点根据有限的同位素测年数据将江南造山带西段梵净山群、下江群地层归属为中元古代(李江海和穆剑,1999)。区域上,依据不整合面等宏观现象进行地层划分与对比,得出的地层划分与对比方案差异较大,无法厘定一致的区域地层格架。近年来,随着同位素定年技术的不断发展,运用LA-ICP-MS或SHRIMP U-Pb技术获取锆石的高精度年龄数据已日臻成熟并被广泛应用。学者们对江南造山带前寒武纪相关地层的火山凝灰岩-火山碎屑岩中锆石的精确定年,获得了一批高精度年代学数据,为江南造山带前寒武纪地层年代格架的重新厘定提供了不可或缺的条件。许多研究者在江南造山带西段武陵运动不整合界面之下的四堡群、梵净山群、冷家溪群及江南造山带东段的双溪坞群和溪口群的火山岩、火山碎屑岩或碎屑岩中获得集中在870~820Ma的大量精确年代学数据(Wang et al,2007,2010;高林志等,2010a,2010b,2011;王敏,2012),认为江南造山带地区目前尚未发现中元古代地层,且武陵运动的结束时限在820Ma左右(王剑,2005)。而位于不整合面之上的下江群及其相当层位中的沉凝灰岩、火山碎屑岩或碎屑岩的锆石U-Pb年龄集中在820~740Ma(Zheng et al,2008;Wang W,et al,2012;Wang et al,2014)。根据上述数据,一些学者认为下江群时期沉积盆地的初始沉积时限起始于约820Ma(王剑等,2006),另一些学者认为是800Ma(Wang W,et al,2012;Wang et al,2010,2014)。有关沉积盆地上限时限的争论较大,争论的年龄跨度也较大(760~660Ma)(Zhou et al,2004),长期以来成为地学上的热点和难点。下江群与上覆冰期沉积物呈整合接触关系(卢定彪等,2010),其顶部年限可能代表了冰期的起始年龄。另外,来自盆地内部地层中的同位素年龄数据较少,其测试层位集中在清水江组(Zhou et al,2007;汪正江等,2009;高林志等,2010b;Wang W,et al,2012)。

因此,开展详细的区域调查研究工作,获取系统而精确的地层同位素年代数据,补充早期数据在地区和剖面分布上的不足,为江南造山带西段下江群及其相当层位的地层划分、对比提供新的依据,是十分必要的。

(二)江南造山带的演化过程及模型

20 世纪 30—40 年代,中国学者在研究赣、皖、浙、湘、黔、桂等省(区)的老变质岩基础上提出了"江南造山带"一词,随后有关江南造山带变质基底的构造属性和演化特征的认识大致经历了以下几个阶段(王自强等,2012)。

(1)20 世纪 60 年代以前,一些学者认为江南造山带是地槽回返的褶皱带(陈国达,1956)。

(2)20 世纪 70 年代后,一些学者认为江南造山带是华夏地块与扬子地块俯冲形成的岛弧、弧后盆地组成的洋陆碰撞造山带(郭令智等,1996),提出以湘赣交界为界,江南造山带分东段和西段,二者存在差异,东段是持续发展的主动大陆边缘,西段是以裂陷为主的被动大陆边缘(王鸿祯等,1994)。

(3)21 世纪初,一些学者通过研究华南地区侵入四堡群及同期地层中的花岗岩体和被板溪群及同期地层高角度不整合覆盖的浅变质绿片岩,认为岩体主要为淡色花岗岩(MPG)和含堇青石花岗闪长岩(CPG)(王自强等,2012),其锆石 U-Pb 年龄多数在 826~820Ma 之间(Li X H,et al,2003;Li Z X,et al,2003;Wang and Li,2003)。另外,一些学者将"四堡运动"与国际上"格林威尔运动"相对比,并将其纳入 Rodinia 超大陆全球的构造体系,将下江群及相当层位视为 Rodinia 超大陆于 1.0Ga 后裂解的产物(Li X H,et al,2003a;Li Z X,et al,2003)。

(4)近年来,越来越多的证据表明,江南造山带是扬子地块和华夏地块多次拼贴形成统一华南板块的弧陆碰撞增生带,可以大致归纳出以下三大演化模式。

板块俯冲模式。认为江南造山带属于沟-弧-盆体系背景下的活动大陆边缘构造环境(Wang W,et al,2012,2013;Wang and Zhou et al,2012;Wang et al,2014)。主要证据有:江南造山带东段的登山群/双溪坞群安山岩、流纹岩及少量玄武岩组合属于弧火山岩(郭令智等,1996);超镁铁-镁铁岩地球化学具有较高的 $\varepsilon_{Nd}(t)$ 值,具明显的"弧玄武岩"的地球化学特征(陆慧娟等,2007);同位素年龄约 838Ma 的蛇绿岩组合属于 SSZ 型(丁炳华等,2008);产于双桥山群中的具有枕状构造的细碧岩、英安岩等火山岩地球化学特征显示可能形成于陆壳基础上的弧后小洋盆环境(董树文等,2010);沿扬子周缘分布的岩浆岩活动是由岛弧(由东南缘的江南岛弧、西缘的攀西-汉南弧)引起的岩浆作用(Zhou et al,2002a,2002b)等;扬子东南缘新元古代岩浆作用可以划分为俯冲造山和后造山伸展两个阶段(周金城等,2009)。

地幔柱模式。华南板块是连接Australia地块和Lanrentia地块的纽带,处于Rodinia超大陆重建的中心位置(Li et al,1995),江南造山带是全球性1.3~0.9Ga格林威尔造山带的一部分。分布于扬子地块周缘的大规模岩浆岩(<825Ma)被认为是地幔柱活动引发岩石圈地幔和下地壳熔融的产物(Li et al,1999;Li X H,et al,2003;Li Z X,et al,2003)。

板块-裂谷(伸展)模式。华南早期(830~820Ma)岩浆岩为弧-陆碰撞造山带拉张垮塌熔融的产物,江南造山带处于弧-陆俯冲状态,其动力来源于弧-陆俯冲;而晚期(800~740Ma)岩浆岩是大陆裂谷岩浆活动的产物(Zheng et al,2007,2008),其动力来源于软流圈上涌(赵军红等,2015)。地球化学等特征显示江南造山带东段的新元古代花岗岩可分为同造山期S型(早期)和后造山I型(晚期)的花岗岩(薛怀民等,2010)。

综上所述,主流观点认为江南造山带830Ma之前的构造环境属于弧-陆俯冲环境,此时期,江南造山带西段的弧是四堡弧和梵净山弧。发生于830Ma的武陵运动使得扬子地块与华夏地块最终形成统一的华南板块,其后进入陆内演化阶段。

但近年来,在桂北三门街、湖南古丈陆续发现了具有岛弧特征的枕状玄武岩(Lin et al,2016),其形成时代约760Ma(葛文春等,2001;Zhou et al,2007),暗示江南造山带西段在760Ma左右的构造背景可能仍然处于弧-陆俯冲环境。而上述研究资料均来自造山带自身的岩石学、地球化学和同位素年代学,缺乏来自与造山带同期的相邻沉积盆地内沉积物的佐证。鉴于此,本书重点选择下江群中的沉积物为研究对象,补充来自沉积盆地内沉积物的有关新的资料,为逆溯扬子地块与华夏地块在武陵运动和雪峰构造运动的造山作用过程和动力学机制提供不同视角的佐证。

四、研究内容与阶段

本书以江南造山带西段新元古代下江群沉积地质学为主题,以下江群地层中的沉凝灰岩、含凝灰质碎屑岩和碎屑岩为研究对象,研究内容包括造山带盆地沉积学、矿物岩石学、地球化学和同位素年代学。

研究阶段如下:

(1)区域性野外地质路线调查和剖面测制,开展沉积环境、古地理、古流向判别等研究。

(2)岩石薄片鉴定和碎屑颗粒骨架组分统计。

(3)碎屑岩全岩地球化学、碎屑锆石U-Pb年代学和微量元素地球化学等实验测试分析。

(4)综合研究——建立江南造山带西段下江群的地层年代格架,开展区域地层划分与对比;探讨沉积盆地性质及物源区性质,逆溯盆地演化、盆-山相互作用过程及盆地动力学机制。

五、主要研究方法

(一)古流向分析

主要观察、测量和统计下江群地层中滑移变形、交错及波痕层理方向,以及下江群底部砾岩中砾石的定向排列规律,综合判断古流向。

(二)砂岩碎屑骨架颗粒 Gazzi-Dickinson 计点统计

具体的碎屑颗粒类型及其模式含量计算见表 1-1。

为了保证碎屑骨架组成统计结果的可靠性,必须执行 Dickinson 等(1979,1983)特别约定的 5 条统计原则。

(1)列入统计和作图的砂岩样品,其平均粒度限定在中粒至粗粒(包括含砾砂岩)之间,即算术粒级 0.2~2.0mm,砾岩样品仅供参考。目的是尽可能减小由于碎屑粒度和成分习性而导致的统计误差。

(2)排除杂基含量大于 25% 的杂砂岩样品。

(3)由于区域上不存在内源灰岩物源或供给的可能性极小(<1%),故灰岩岩屑按常规沉积岩岩屑进行统计。

(4)被自生矿物交代的骨架颗粒,按残留颗粒或恢复的原碎屑组分统计。

(5)采用镜下正方网格交点法统计组分含量,每个样品统计颗粒数不少于 300 颗,网格间距取样品平均粒度的两倍值。

统计的碎屑颗粒类型包括石英(单晶、多晶)、长石(斜长石、钾长石)、岩屑(沉积岩岩屑、火山岩岩屑和变质岩岩屑),以及云母、角闪石、锆石等次要矿物和绿帘石等次生矿物。

表 1-1 砂岩薄片计点统计颗粒类型及模型含量计算

碎屑颗粒类型划分	重新计算的碎屑颗粒模式含量
$Q = Q_m + Q_p$ (式中:Q 为石英总量;Q_m 为单晶石英;Q_p 为多晶石英)	
$F = P + K$ (式中:F 为长石总量;P 为斜长石;K 为钾长石)	$QFL\% Q = 100 \times Q/(Q+F+L)$ $QFL\% F = 100 \times F/(Q+F+L)$ $QFL\% L = 100 \times L/(Q+F+L)$ $Q_mFL_t\% Q_m = 100 \times Q_m/(Q_m+F+L_t)$
$L_t = L + Q_p$ $L = L_s + L_v + L_m$ (式中:L 为不稳定岩屑总量;L_t 为岩屑总量;L_s 为沉积岩岩屑; L_v 为火山岩岩屑;L_m 为变质岩岩屑)	

（三）全岩地球化学分析

从大量野外实测剖面中挑选满足全岩地球化学测试要求的剖面。分层分岩性段不等间距取样，主要来自下江群，少量来自下伏地层四堡群和上覆地层南华系。

样品岩性主要为绢云母板岩、粉砂质绢云板岩、粉砂质细粒岩屑砂岩、绢云变质粉砂岩、粉砂质绿泥绢云板岩、粉砂质板岩、绿泥绢云变沉凝灰岩等，以及少量绿泥绢云变不等粒岩屑石英砂岩、含砾变质粉砂岩。

（四）锆石 LA-ICP-MS U-Pb 同位素年龄及微量元素分析

野外采集约 5kg/件的岩石样品，用蒸馏水冲洗后，进行锆石挑选。将碎屑岩中挑选出的锆石随机（沉凝灰岩中选择晶型较为完整的锆石颗粒）置于环氧树脂中固定、干燥、制成样品靶，然后磨蚀和抛光至锆石核心出露。在光学显微镜下进行透射光和反射光照相，在电子显微镜下进行阴极发光图像拍照，以便在进行 LA-ICP-MS 实验时确定未有裂隙、未见包裹体等适合分析的颗粒与斑点位置。激光束斑直径为 $32\mu m$，每个激光剥蚀分析背景时长 20s，样品分析时长 50s。实验中采用 He 作为剥蚀物质的载体。采用 ICPMS Datacal 7.2 软件对实验数据进行处理，U-Th-Pb 同位素组成分析以锆石 91500 作为外标，NIST610 作为内标；稀土元素以锆石 91500 作为外标，^{29}Si 作为内标，详细流程和原理请参见 Hu 等（2008）。加权平均年龄计算及谐和图绘制采用 Isoplot（3.70 版）进行（Liu et al，2008），同位素比值误差为 2σ，^{206}Pb/^{238}U 平均年龄误差为 2σ。小于自然年龄 1000Ma 的样品采用 ^{206}Pb/^{238}U 年龄，大于 1000Ma 的样品采用 ^{207}Pb/^{206}Pb。采用亚利桑那大学的 AGE PICK 软件对年龄进行分组。该软件根据给定的岩浆锆石的年龄及误差值（^{206}Pb/^{238}U 或 ^{207}Pb/^{206}Pb）、分析点位、U 含量及 U/Th 比值和谐和度等 6 项进行相互关联分析，最终给出年龄分段和峰值年龄（Xu Y J，et al，2014）。

第二章 区域地质背景

一、大地构造位置

程裕淇(1994)把位于扬子地块与华夏活动带之间受到强烈推覆作用的山链,称为江南地块。张国伟等(2013)将其命名为江南隆起带。戴传固等(2010)认为北以师宗—松桃—慈利—九江为界,南以绍兴—萍乡—北海为界,其间为江南复合造山带,其北侧为扬子地块,其南东为华夏地块。在江南造山带内以罗城—龙胜—桃江—景德镇一线为界,进一步划分出江南造山带的三个亚带,即师宗—松桃—慈利—九江一线为北亚带,罗城—龙胜—桃江—景德镇一线为中亚带,绍兴—萍乡—北海一线为南亚带,其间夹黔东—湘西中间地块、南宁—长沙中间地块(图2-1)。

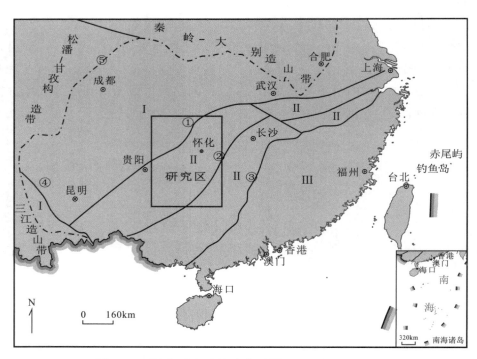

图2-1 研究区大地构造位置图(据戴传固等,2010)

①师宗-慈利-九江断裂带;②罗城-龙胜-桃江-景德镇断裂带;③绍兴-萍乡-北海断裂带;
④红河断裂带;⑤华南板块边界。Ⅰ.扬子地块;Ⅱ.江南复合造山带;Ⅲ.华夏地块

戴传固等(2010)认为江南造山带从早到晚经历了从活动型地壳向稳定型地壳、从洋陆转换阶段向板内活动阶段的地壳演化历程。洋陆转换阶段为武陵旋回和加里东旋回，具有洋陆 B 型俯冲、弧陆碰撞造山的特点；板内活动阶段为燕山旋回和喜马拉雅旋回，具有板内 A 型俯冲造山的特点。他们认为江南造山带西南段是由不同时期、不同性质的造山带亚带构成的一个复合造山带，分别由武陵期造山亚带(即北亚带)、加里东期造山亚带(即中亚带)和燕山期亚带(即南亚带)组成。

目前多数学者认为江南造山带在武陵运动之前属于沟-弧-盆构造背景，武陵运动之后，江南造山带进入陆内演化阶段。

二、新元古代地层概况

江南造山带西段出露最老地层为梵净山群、四堡群和冷家溪群，分布最广的为下江群、丹洲群和板溪群，缺泥盆系和古近系，其余时期的地层零星分布。下江群/梵净山群(贵州)、板溪群/冷家溪群(湖南)、丹洲群/四堡群(广西)为一套浅变质陆源碎屑岩夹火山碎屑岩组合(图 2-2)。下面仅论述与研究内容密切相关的新元古代地层。

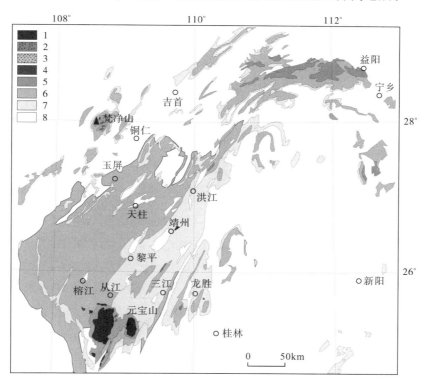

图 2-2　江南造山带西段(湘黔桂毗邻区)前寒武纪地层分布图
1.酸性侵入岩类；2.辉长岩类；3.闪长岩类；4.辉绿岩类；5.四堡群/梵净山群；
6.丹洲群/下江群/板溪群；7.南华系；8.寒武纪及之后地层

(一)梵净山群、四堡群

梵净山群(Pt_3^1F):分布于贵州印江县、松桃县和江口县3个县毗邻地区,出露面积约300km²。梵净山群主要出露在一个大型穹状背斜核部,是一套浅变质海相陆源碎屑岩、细碧岩-角斑岩、层状基性—超基性岩和火山碎屑岩等呈不定比互层,具复理石特征,与上覆下江群甲路组呈角度不整合接触,未见底,沉积厚度一般大于9000m。梵净山群自下而上分为陶金河组、余家沟组、肖家河组、回香坪组、铜厂组、洼溪组和独岩塘组7个组,相邻组间为整合接触,其中前4个组构成白岩寺亚群,后3个组构成核桃坪亚群(贵州省地质调查院,2017)。白云寺亚群表现为沉积岩与火山岩互层组合特点,自下而上沉积岩中的砂岩减少,火山岩逐渐增多。陶金河组和余家沟组主要表现为陆源碎屑及火山碎屑浊积岩复理石和层状基性—超基性岩建造。肖家河组和回香坪组则是以细碧-角斑岩和层状基性—超基性岩建造为主,少量粉砂岩-泥岩建造。核桃坪亚群则表现为以沉积岩为绝对主体,以变质砂岩、变质粉砂岩与板岩呈不定比互层,以砂岩为主或以泥岩为主的层位经常交替出现,自下而上主体颜色由灰色、深灰色逐渐变化为浅灰色、灰绿色,砂岩逐渐增多。

四堡群(Pt_3^1S):分布于广西融水县、三江县和毗邻的贵州从江县等地区,之上与下江群甲路组呈角度不整合接触(图2-3),是一套巨厚的浅变质海相陆源碎屑岩夹火山碎屑岩及层状基性—超基性岩,具复理石特征。四堡群自下而上分为尧等组和河村组(贵州)或九小组、文通组和鱼西组(广西),相互间为整合接触(贵州省地质调查院,2017)。尧等组岩性组合为灰色、灰绿色千枚岩,片岩夹少量变质砂岩,具有一定的变质程度,原岩可能为沉积泥岩类;河村组的岩性组合为浅灰色、灰绿色变质砂岩、变质粉砂岩与绢云石英千枚岩或片岩互层,自下而上砂岩粒度逐渐变粗,砂岩层次逐渐增厚。

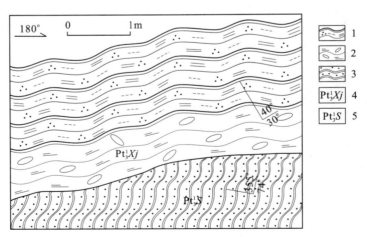

图2-3 下江群甲路组与四堡群角度不整合素描图

(据贵州1:5万榕江幅区调资料)

1.含绢云母白云岩石英岩;2.含砾绢云母片岩;3.变质粉砂岩;4.下江群甲路组;5.四堡群

梵净山群、四堡群之下未见底,是江南造山带西段最老的地层,在地质发展史中具有重要的定位意义。这些古老的地层中缺少有效的生物化石制约地层时代,因此研究它的同位素年代地层非常关键。早期大多数学者将梵净山群和四堡群划属中元古代(水涛,1987;李江海和穆剑,1999)。近年来,在梵净山群和四堡群中获得的年龄集中在870~815Ma(Wang et al,2007,2010;高林志等,2010a,2011;王敏,2012;覃永军等,2015),限定二者的时代为新元古代。

区域上梵净山群(贵州)、四堡群(广西)、冷家溪群(湖南)、双桥山群(江西)、溪口群(安徽)和双溪坞群(浙江)虽然相互间互不相连,但相距不远,它们均与上覆下江群及其相当层位呈角度不整合接触,均具浊积岩以及基性—超基性火山岩建造,具有相似的较低浅变质程度——低绿片岩相,很可能属于同一构造古地理单元的同期地层。

(二)下江群

贵州境内下江时期地层主要分布在贵州东北部梵净山至东南部从江地区(图2-4),属于华南地层大区(Ⅷ)之扬子地层区和东南地层区,扬子地层区进一步划分为松桃-江口小区、沿河-印江小区和贵阳-玉屏小区;而东南地区可进一步划分为锦屏-雷山小区和黎平-从江小区(图2-4,表2-1)。扬子地层区缺失下江时期上部地层,残存厚度较小,与

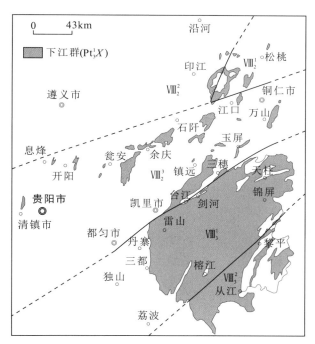

图2-4 江南造山带西段(贵州省内)新元古代下江群地层区划图
(据贵州省地质调查院,2017修改)

$Ⅷ_2^1$.松桃-江口小区;$Ⅷ_2^2$.沿河-印江小区;$Ⅷ_2^3$.贵阳-玉屏小区;

$Ⅷ_3^1$.锦屏-雷山小区;$Ⅷ_3^2$.黎平-从江小区

上覆南华系的两界河组、铁丝坳组呈微角度不整合或平行不整合接触,缺失南华系底部长安组。东南地区的下江时期地层保存完整,厚度较大,与上覆南华系富禄组或长安组呈平行不整合或整合接触。

目前,把分布在贵州梵净山地区,即华南地层大区之扬子地层区的松桃-江口小区和沿河-印江小区的地层称为板溪群,自下而上由甲路组、红子溪组、张家坝组和鹅家坳组4个组组成。把分布在从江以南东至桂北地区,即华南地层大区之东南地层区的黎平-从江小区的地层称为丹洲群,自下而上由甲路组、乌叶组、洞村组和洪州组4个组组成。把分布在板溪群至丹洲群之间的广大地区,即华南地层大区之扬子地层区的贵阳-玉屏小区、东南地层区的锦屏-雷山小区的地层称为下江群(Pt_3^1X),自下而上由甲路组、乌叶组、番召组、清水江组、平略组和隆里组6个组成。

下江群(贵州)、板溪群(湖南)、丹洲群(广西)成片分布,三者内部各个组段地层之间均为整合接触关系,主要为一套浅变质海相砂泥质夹火山碎屑岩建造,具复理石特征,底部均发育一套或厚或薄的底砾岩建造,之上的钙质岩系和黑色岩系均显示了良好的对比性,而中部的地层中绝大部分地层见或多或少的火山碎屑岩。建造组合非常类似,仅部分"组"存在差异。这些特征显示它们是同一个大地古地理区块中同时期的沉积产物。整个地史时期,古地貌北西高而南东低。处于北西的扬子地层区属于相对浅水环境,粉砂岩和砂岩相对较多,岩石颜色相对较杂。南东的东南地层区属于相对深水环境,泥岩相对发育,岩石颜色多数为指示还原环境的灰色、灰绿色等。由于它们的沉积相和变质程度基本相似,本书统一作为下江群论述(表2-1)。关于各组的岩性描述见第三章。

表2-1 江南造山带西段贵州省内新元古代下江时期岩石地层划分对比方案

华南地层大区($Ⅷ$)						本书划分方案
扬子地层区($Ⅷ_2$)			东南地层区($Ⅷ_3$)			
松桃-江口小区($Ⅷ_2^1$)	沿河-印江小区($Ⅷ_2^2$)	贵阳-玉屏小区($Ⅷ_2^3$)	锦屏-雷山小区($Ⅷ_3^1$)	黎平-从江小区($Ⅷ_3^2$)		
			隆里组	洪州组		隆里组
			平略组			平略组
		清水江组		洞村组		清水江组
	张家坝组	番召组				番召组
红子溪组		乌叶组				乌叶组
		甲路组				甲路组

早期根据当时仅有的K-Ar或Rb-Sr同位素年龄认为下江群的地层年代在1000~800Ma(秦守荣等,1984)。近年来,下江群及相当层位中的沉凝灰岩、含凝灰质碎屑岩或碎屑岩中的锆石U-Pb年龄集中在820~720Ma(高林志等,2011;Wang W,et al,2012;Wang X L,et al,2012;Wang et al,2014;覃永军等,2015),应划归为新元古代。

三、新元古代岩浆岩特征

(一)岩浆活动期次及其特征

江南造山带西段(贵州段)出露的岩浆岩可以分为以下几期(表2-2)。

表2-2 江南造山带西段(贵州段)岩浆-构造旋回基本特征表(据贵州省地质调查院,2017修编)

旋回	岩石组合	岩石系列		岩石成因类型	构造环境		分布地区	
喜马拉雅构造旋回	云煌岩、云斜煌斑岩	钙碱性煌斑岩		幔源型	板内		镇宁、贞丰、望谟三县交界地区以及雷山、台江等县内	
印支—燕山构造旋回	大陆溢流玄武岩及以层状为主的辉绿岩	石英拉斑玄武质系列		幔源型	板内		贵州西部	
印支—燕山构造旋回	偏碱性玄武岩及层状辉绿岩	橄榄拉斑玄武质系列		幔源型	陆内裂谷		镇宁巴窝及望谟—罗甸一带	
加里东构造旋回	钾镁煌斑岩、超镁铁煌斑岩	钾镁煌斑岩系列		幔源型	陆内造山		施秉—镇远一带及麻江隆昌	
雪峰构造旋回	花岗岩	过铝质花岗岩		壳源型	后碰撞	碰撞造山		
雪峰构造旋回	基性火山岩及超基性—基性侵入岩	拉斑玄武质系列		幔源型	弧后	岛弧		
武陵构造旋回	酸性脉岩	石英钠长斑岩	超酸性过铝质S型花岗岩 碱长花岗岩 正长花岗岩 二长花岗岩	壳源型	后碰撞	碰撞造山	贵州梵净山	贵州从江
武陵构造旋回	花岗岩	石英钠长斑岩	超酸性过铝质S型花岗岩 碱长花岗岩 正长花岗岩 二长花岗岩	壳源型	后碰撞	碰撞造山	贵州梵净山	贵州从江
武陵构造旋回	花岗岩	超酸性过铝质S型浅色白云母花岗岩及花岗伟晶岩		壳源型	后碰撞	碰撞造山	贵州梵净山	贵州从江
武陵构造旋回	超基性—基性—中性—酸性火山岩,超基性—基性—中性—酸性侵入岩	拉斑玄武质系列		幔源型	弧后	岛弧		

武陵期 主要有分布于梵净山、从江等地的超基性—基性岩—中性—酸性岩的侵入岩和火山岩。

雪峰期 分布于梵净山、从江等地的基性火山岩和超基性—基性、酸性侵入岩。

加里东期 分布在黔东南地区的煌斑岩系列岩石。

印支—燕山期 主要有出露于贵州北西部的大陆溢流玄武岩和潜火山相辉绿岩,以及出露于西南部的偏碱性玄武岩和潜火山相辉绿岩。

喜马拉雅期 出露于贵州东南和西南部的煌斑岩。

下文简要论述与研究密切相关的武陵期和雪峰期的岩浆岩特征。

(二)武陵期岩浆岩特征

梵净山群和四堡群中不同层位的高精度同位素测试数据主要集中在新元古代时期870~820Ma,属于武陵构造层。武陵运动是扬子地块与华夏地块发生碰撞拼贴的过程之一,中心位置在贵州梵净山与从江、湖南大庸、岳阳和平江一带(戴传固,2010)。具体到梵净山(王敏,2012)、从江地区,又各具特色。

1. 梵净山地区

1)超基性—基性侵入岩

超基性侵入岩的主要岩石类型有辉石橄榄岩、含长辉石橄榄岩、橄榄辉石岩、含长橄榄辉石岩、辉石岩和含长辉石岩等。基性侵入岩的主要岩石类型包括辉长岩、辉长灰绿岩和灰绿岩等,呈似层状。

超基性岩的地球化学特征为:SiO_2 为 37.8%~47.0%,Al_2O_3 为 4.7%~10.5%,MgO 为 21.8%~23.6%;轻稀土略为富集、重稀土未分异的右倾型配分模式;δEu 既有明显的负异常,也有未显示异常;超基性岩较基性岩的 Nb、Ta、Sr、P 负异常更大(王敏,2012)。

基性岩的地球化学特征表现为:SiO_2 为 47.0%~54.0%,Al_2O_3 为 12.5%~15.5%,MgO 为 4.2%~10.6%,K_2O+Na_2O 小于 5.0%,K_2O 小于 Na_2O;轻稀土略为富集、重稀土未分异的右倾型配分模式;多数 δEu 未显示异常;见较为明显的 Nb、Ta、Sr、P 负异常(王敏,2012)。

2)中基性—中酸性侵入岩

中基性—中酸性侵入岩主要包括闪长玢岩、石英闪长玢岩。

地球化学特征表现为:SiO_2 为 57.6%~64.5%,Al_2O_3 为 12.9%~13.3%,MgO 为 0.8%~1.3%,K_2O+Na_2O 小于 5.0%,K_2O 小于 Na_2O;稀土总量含量较高,轻、重稀土基本未分异的右倾型配分模式;多数 δEu 无明显负异常;见较为明显的 Nb、Ta、Sr、P、Ti 负异常(王敏,2012)。

3)酸性侵入岩

酸性侵入岩的岩石类型主要包括白云母花岗岩、黑云母花岗岩、花岗伟晶岩、长英岩、钠长岩和石英钠长斑岩。前二者为深成岩,后四者为岩脉(王敏,2012)。

花岗岩的地球化学特征为:SiO_2 含量均超过 67%,铝含量大于 12%,A/CNK 值大于 1.1,属于高硅、过铝花岗岩。CaO/Na_2O 比值较低,属 SiO_2 过饱和、钙性系列,出现石英(Q)、刚玉(C),斜长石牌号显示为低牌号钠长石分子。白云母花岗岩的稀土总量很低,轻稀土未分异,重稀土明显分异,δEu 显示强烈负异常,具有海鸥型稀土配分模式;黑云母花岗岩显示与基性岩石相似的右倾型稀土配分曲线模式,轻重稀土分异程度比较低,δEu 显示明显负异常。初始地幔标准化结果显示两种类型:白云母花岗岩具有强烈的 Ba、P、Ti 亏损,元素含量随着相容性升高而降低,总体显示右倾型;黑云母花岗岩明显的 P、Ti、Nb、Ta 负异常,高相容元素的分异程度极低,类似于富集型洋中脊玄武岩(王敏,2012)。

4) 火山岩

梵净山地区火山岩仅见细碧岩-角斑岩-石英角斑岩岩石系列,可进一步分为细碧岩-角斑岩-石英角斑岩和细碧岩-石英角斑岩两个亚系列。细碧岩主要有枕状细碧岩、球状细碧岩、角砾状细碧岩和块状细碧岩。石英角斑岩主要包括钠长石斑晶亚类和钠长石-石英斑晶亚类。火山岩一般呈层状或似层状整合于沉积地层中(王敏,2012)。

细碧岩的地球化学特征表现为:SiO_2 含量为 52% 左右,Al_2O_3 含量大于 14%,CaO 含量大于 8%,MgO 含量为 7%~8%,K_2O 含量远大于 Na_2O;轻、重稀土均略分异的右倾型配分模式;未见 δEu 异常,见较为明显的 P、Sr、Ti 负异常,微弱的 Nb、Ta 亏损。与富集型洋中脊玄武岩十分相似(王敏,2012)。

5) 火山碎屑岩

火山碎屑岩主要有火山集块岩、火山角砾岩、石英长斑岩和火山凝灰岩,前三者为火山岩的伴生岩类。火山集块岩或火山角砾岩常呈层状或透镜状与细碧岩或细碧玢岩共生。火山凝灰岩可进一步分为基性凝灰岩、中酸性凝灰岩和酸性凝灰岩;少见基性凝灰岩,常见中酸性凝灰岩,主要产于四堡群中部的回香坪组。酸性凝灰岩在四堡群中最为发育,从余家沟组到洼溪组均可见,其中回香坪组最为发育(王敏,2012)。

火山凝灰岩的地球化学特征为:SiO_2 为 50%~71%,Al_2O_3 为 9%~21.5%,CaO 为 0.1%~19%,而 MgO 低于 4.5%,K_2O 含量较高。稀土配分曲线为与细碧岩相似的轻稀土分异明显、重稀土微弱分异的右倾型,也有显示富集型洋中脊玄武岩的稀土配分样式。火山凝灰岩比细碧岩具有更明显的负铕异常,指示其含较多石英颗粒(王敏,2012)。

2. 贵州从江-桂北地区

1) 超基性—基性—中基性侵入岩

桂北地区具有完整的超基性—基性—中性侵入岩带,在贵州从江县内属于向北的延伸部分,多为单独的、出露规模较小的侵入岩体,主要的岩石系列表现为橄榄岩或辉石橄榄岩—橄榄辉石岩—辉石岩—辉长岩—辉长辉绿岩,呈岩株、岩床和岩脉等形状侵入四堡群或下江群中。这些岩体的侵入时间既有武陵期(820Ma 左右),也存在雪峰期(760Ma 左右),但目前尚未完全理清各自期次的岩浆岩分布特点。

岩石地球化学特征表现为:SiO_2 为 38.4%~56.0%,Al_2O_3 为 2.5%~16.6%,CaO 为 0.4%~10.6%,MgO 为 4.0%~30.9%,K_2O+Na_2O 小于 5.0%,K_2O 小于 Na_2O,TiO_2 为 0.34%~1.42%。里特曼指数(σ)在钙性—钙碱性范围内,固结指数(SI)显示玄武岩浆具中等分异程度,$TFeO-Na_2O+K_2O-MgO$ 图解落点都在拉斑玄武岩系列区,

SiO_2 出现了过饱和与不饱和两种情况，CIPW 标准矿物分别出现石英（Q）或橄榄石（Ol），可能属于拉斑玄武岩套中的橄榄拉斑玄武岩。由超基性侵入岩向中基性侵入岩的稀土元素总量（ΣREE）逐渐增高，而轻、重稀土比值逐渐降低，Ce_N/Yb_N 比值也显示逐渐降低；δEu 则由负异常渐变为正常（0.48～1.01）；稀土元素配分型式为轻稀土富集的右倾型；铕亏损由负异常逐渐变换为正常，具地幔岩部分熔融拉斑玄武质岩浆的特征；岩石中的 Cr、Ni、Co、Cu、Pb、Zn 等主要元素的含量与维诺格拉多夫（1962）岩浆岩中的元素丰度都较接近，超基性岩显示明显的 Pb、Sr 亏损。

辉长岩、辉长辉绿岩、辉绿岩在 $MgO - Al_2O_3 - TFeO$ 图解落点跨洋中脊及大洋底部、大洋岛屿、大陆板块内部 3 个区域；大洋系数（KOl）在 8.35～10.87 之间，跨大陆裂谷玄武岩至大洋玄武岩范围。

2）酸性侵入岩

酸性侵入岩主要是指摩天岭花岗岩，其大部分出露在桂北。岩体呈长轴北北东的椭圆形，南北长约 44km，东西宽约 25km，面积约 1100km²。从江地区出露的仅是岩体的北端，向北北东倾伏，倾伏角 15°～30°，呈大型岩基侵入于新元古界四堡群中，岩体与围岩多呈折线状或锯齿状突变侵入接触，界线清晰。广西境内乌连山超基性—基性岩体见辉石橄榄岩被花岗岩穿插。从岩体切割很深的沟谷向坡顶，或从岩体的中心向边缘，大致可划分为内部相、过渡相和边缘相 3 个相带，其间无明显界线，表现为连续过渡关系。内部相和过渡相出露面积较大，边缘相出露面积最小。

岩石地球化学特征表现为：SiO_2 大于 75%，Al_2O_3 为 9.3%～14.1%，CaO 为 0.04%～1.6%，MgO 为 0.05%～0.81%，$K_2O + Na_2O$ 为 7% 左右，K_2O 大于 Na_2O，TiO_2 为 0.06%～0.21%。A/CNK 大于 1.1，强过铝质，CIPW 标准矿物出现刚玉（C）；里特曼指数小于 1.8，在钙性岩石范围内；分异指数 88.88～92.42，反映出岩浆分异演化程度较彻底，岩石酸性程度高；斜长石牌号在钠长石范围，为超酸性铝过饱和花岗岩。稀土元素总量低于华南花岗岩的平均含量（250×10^{-6}）；轻稀土略显富集；铕负异常特征明显，岩浆分离结晶作用显著；分布型式出现铕亏损明显的"V"形谷，也表明岩浆演化程度较高（陈建书等，2014a）。

3）基性火山岩

基性火山岩分布在黔桂边界雨田山—帮富山一带四堡群中，见有 5 层基性火山岩呈层状、透镜状产出。岩石主要组成矿物为透闪石、阳起石、绿帘石、绿泥石，其次为角闪石、黑云母、次生石英等（陈建书等，2014a）。

岩石地球化学特征表现为：SiO_2 为 50.8%，Al_2O_3 为 14.34%，CaO 为 6.76%，MgO 为 6.7%，$K_2O + Na_2O$ 约 4%，K_2O 小于 Na_2O，TiO_2 为 0.06%。分异指数（DI）为 34.22，固结指数（SI）为 27.5，里特曼指数（2.2）在钙碱性范围内，铝饱和度（AlI）为 0.758，属于铝饱和度正常范围。稀土元素总量（ΣREE）为 106×10^{-6}；$\Sigma Ce/\Sigma Y$ 为 1.6，轻稀土略有

富集;δCe 为 0.8,轻微亏损;δEu 为 1.0;在稀土元素配分图表现为向右倾斜的平滑曲线(戴传固,2010)。

(三)雪峰期岩浆岩特征

雪峰期的岩浆活动主要分布在贵州从江、桂北龙胜和湘西古丈等地,少数分布在贵州梵净山地区等。

1. 超基性—基性—中基性侵入岩

目前主要发现的超基性—基性—中基性侵入岩有梵净山地区的辉绿岩、从江地区的辉绿岩和湖南古丈、桂北龙胜地区的枕状玄武岩、辉绿辉长岩。

2. 酸性侵入岩

酸性侵入岩零星出露于摩天岭花岗岩体北端外沿地区。岩体呈小型岩株侵入于新元古界下江群甲路组和乌叶组中。岩体内、外接触带均不发育。岩石种类单一,仅见花岗斑岩。其特征为灰色—浅灰色;斑状结构为主,偶见多斑结构;由斑晶及基质两部分构成。

岩石地球化学特征表现为:SiO_2 为 68.0%～86.4%,Al_2O_3 为 6.5%～15.7%,CaO 为 0.1%～1.4%,而 MgO 为 0.43%～2.5%,K_2O+Na_2O 为 7%左右,K_2O 大于 Na_2O,属于富钾花岗岩。TiO_2 为 0.08%～0.5%;A/CNK 大于 1.1,强过铝质,CIPW 标准矿物出现刚玉(C);里特曼指数小于 1.8,在钙性岩石范围内;分异指数 72.08～91.48,岩浆分异演化程度一般;斜长石牌号大部在更长石—钠长石范围,个别可至拉长石—中长石;为酸性铝过饱和花岗岩。稀土元素总量低于华南花岗岩的平均含量(250×10^{-6});轻稀土略显富集;具铕负异常,岩浆分离结晶作用较为显著;分布型式出现铕亏损的"V"形谷,表明岩浆演化程度较高。岩浆的分离结晶作用及演化程度均弱于摩天岭花岗岩体(陈建书等,2014a)。在 Yb-Y+Nb 图解和 Nb-Y 图解中,多数落在岛弧花岗岩区域,极少数落在板内花岗岩和同碰撞花岗岩区域。

3. 火山岩

火山岩主要分布在贵州从江等地,产于下江群甲路组 3 个不同层位,以及清水江组分布的大量沉凝灰岩或凝灰质火山岩。另外,广西龙胜地区也有分布。

1)贵州从江地区

贵州从江地区基性火山岩蚀变严重。与中国玄武岩平均值比较,SiO_2、TiO_2、Al_2O_3、FeO 偏高,Na_2O、K_2O 偏低,MgO、CaO 相差不大。固结指数(SI)30.97,岩浆分异程度中等,里特曼指数(σ)在钙性范围内,SiO_2 过饱和,CIPW 标准矿物出现石英(Q),SiO_2 偏高、标准矿物出现石英可能是由于岩石蚀变强烈所致。稀土元素总量(ΣREE)较高,为 241.34×10^{-6};Ce_N/Yb_N 为 12.26,轻稀土富集;轻、重稀土比值 4.35;δEu 为 0.92;具富集性地幔特征;分布型式为右倾型,无明显"V"形谷。

2)广西龙胜地区

广西龙胜地区岩石类型主要为玄武岩和流纹英安岩。

地球化学特征表现为：玄武岩 SiO_2 为 44.40%～48.45%，流纹英安岩 SiO_2 为 62.35%；玄武岩 CIPW 标准矿物组合见橄榄石（Ol）及霞石（Ne）。Al_2O_3 高，A/CNK 大于 1.1，属于过铝质岩浆岩；CIPW 标准矿物出现刚玉（C）；里特曼指数小于 1.8，在钙性岩石范围内；固结指数玄武岩为 49.90～60.11，其中角斑岩为 27.88；长英指数玄武岩为 8.44～27.03，其中角斑岩为 52.46，反映出岩浆分异演化程度不彻底。玄武岩斜长石牌号为拉长石—倍长石（57.30～88.73），角斑岩斜长石牌号为中长石（39.9）。玄武岩稀土元素总量（ΣREE）为（66.56～115.32）$\times 10^{-6}$，角斑岩为 243.69×10^{-6}。显示玄武岩稀土元素丰度较低；轻、重稀土比值 2.14～2.32，Ce_N/Yb_N 为 4.21～5.25，均显示轻稀土弱富集；δEu 在 0.83～0.95，具富集性地幔特征；为右倾型配分模式，无明显"V"形谷。与 C1 球粒陨石相比较，Ba、Th、Ce 相对富集，Cs、Rb、Nb、Y 相对亏损（戴传固等，2012）。

四、新元古代变质作用

江南造山带西段新元古代地层不仅遭受了复杂的构造变形，而且也经历了区域浅变质作用，属于极低绿片岩相水云母-绢云母带。区域变质作用随江南复合造山带向南东迁移，变质作用及变质岩也表现出同步的变迁（戴传固，2010）。

五、新元古代构造样式

武陵构造期褶皱主要发育于梵净山地区和从江地区，构造线方向主体为近 EW 向和 NE 向，构造层为新元古代梵净山群和四堡群。一般由多个相互平行或雁行状排列的次级褶皱组成形态紧闭、尖棱相似的复式褶皱，以紧闭线型褶皱为主（戴传固，2010）。

六、新元古代构造演化

江南造山带西段经历了武陵、雪峰、加里东、燕山和喜马拉雅山等多期次、多性质的构造运动。下面简要论述武陵和雪峰构造运动。

（一）武陵期构造演化阶段

江南造山带西段武陵期位于大陆边缘—弧后盆地位置，发育了梵净山群、四堡群深水盆地相细碎屑岩沉积及由枕状玄武岩（细碧岩）-石英角斑岩和基性—超基性岩组成的（弧后）蛇绿岩组合（戴传固，2010）。丘元禧（1999）认为四堡群发育岛弧蛇绿岩套，可能显示四堡群属于弧后盆地的构造环境，区域上在双桥山群中发现一套枕状构造发育的细碧岩-角斑岩组合，通过对该组合和与其紧密共生的英安岩的元素地球化学研究发现其具有洋岛型玄武岩的特点，形成环境为陆壳基础上的弧后小洋盆；英安岩中锆石 SHRIMP U-Pb 测年得到年龄介于 850～830Ma 之间，可与梵净山群、四堡群中的蛇绿岩组合对比。

(二)雪峰构造演化阶段

新元古代晚期,扬子地块东南缘形成新的弧后盆地。岛弧位于罗城—龙胜—桃江—景德镇一带,沿着该带发育枕状玄武岩。另外,下江群清水江组及其相当层位中发育大量的沉凝灰岩或凝灰质碎屑岩。玄武岩与凝灰岩的年龄均在760Ma左右。区域上新元古代下江群与上部南华系之间的微角度不整合或平行不整合是这次运动的表现。扬子地块与华夏地块在下江群晚期碰撞拼贴后,江南造山带西段进入陆内裂谷作用阶段。

第三章 下江群的岩石地层和年代地层

一、下江群的岩石地层

下江群主要分布在贵阳清镇以东的贵州东部地区(图 3-1)。岩石地层及区域对比列述如下。

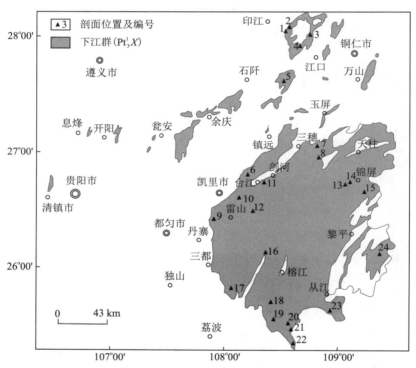

图 3-1 江南造山带西段(贵州段)下江群地层分布及剖面位置(据贵州省地质调查院,2017 修改)
1.印江芙蓉坝;2.印江张家坝;3.江口快场;4.江口德旺大岩棚;5.石阡龙洞;6.三穗排汪;7.三穗半溪沟+桃场;8.三穗翙娥+南明;9.丹寨九门寨;10.凯里朗里;11.台江番召;12.雷山雀鸟;13.锦屏平秋大便;14.锦屏平秋大便+皇封溪;15.锦屏甘子园+秀洞+敦寨;16.榕江平永;17.三都安ংস;18.从江加水;19.从江元洞;20.从江乌叶;21.从江归眼;22.从江甲路;23.从江高文;24.黎平洞村
资料来源:剖面 1、4 来自 1∶5 万梵净山幅;剖面 2 来自秦守荣等(1982)和 1∶5 万梵净山幅;剖面 3 来自 1∶5 万普觉、孟溪幅;剖面 5、20、21、22、23 来自 1∶20 万榕江幅;剖面 6、7、8 来自 1∶5 万三穗等 4 幅区调;剖面 16 来自 1∶5 万平永幅;剖面 9 来自 1∶20 万都匀幅;剖面 10、11、12 来自 1∶20 万剑河幅;剖面 17、18、19 来自 1∶5 万大寨、甲戎等 8 幅;剖面 24 来自 1∶20 万黎平幅;剖面 13、14、15 为笔者测制剖面

（一）甲路组($Pt_3^1 Xj$)

甲路组分布范围小，主要分布在梵净山和从江地区，雷山地区仅出露上部地层。甲路组分为两段。

一段岩性为灰色、灰绿色、紫灰色厚层—块状变质砂岩、变质砂砾岩、变质砾岩、变质岩屑砂岩与千枚岩、片岩呈不定比互层。以发育变质砾岩为特征，整体上砾石成分成熟度、结构成熟度均较低，分选和磨圆整体较差，局部较好。在梵净山及从江地区砾石成分组成与基底一致，之上发育变质砂岩，厚度变化不一致，以从江地区最厚；湖南芷江地区砾石成分组成与基底存在稍许差异，之上未见变质砂岩。北西梵净山厚度一般为5～10m，明显较南东从江地区(100～900m)薄(图3-2)。

二段岩性为钙质板岩、钙质千枚岩和钙质片岩。钙质常呈薄层或小透镜体状结晶灰岩，也有厚度达数米的块状结晶灰岩透镜体。梵净山区钙质岩系主体岩性为灰色、深灰色或紫灰色的千枚状绢云板岩或绢云板岩，上部或下部可变为乳白色、灰色及紫红色块状大理岩，大者可呈5m×200m的透镜体状产出，一般厚1～39m。台江、雷山地区的钙质岩系未见底，台江地区为紫灰色、肉红色，厚度大于65m；雷山地区厚度大于15m。从江地区钙质岩系为灰色、灰绿色，主体岩性为千枚岩、片岩和千枚状板岩；上部或下部见灰白色、浅灰色块状大理岩透镜层，局部地区夹强蚀变的基性火山岩，厚度为124～360m。钙质岩系厚度区域变化规律与一段砾岩层相似(图3-2)。

甲路组自北西梵净山至南东从江地区地层逐渐变厚，沉积中心位于从江一带(图3-2)。

（二）乌叶组($Pt_3^1 Xw$)

乌叶组广泛分布在贵州东部及邻区。乌叶组沉积厚度全区大体相同，仅从江归眼至甲路一带沉积厚度稍薄，而黎平洞村沉积厚度最厚，未显示明显的沉积中心(图3-3)。乌叶组分为两段。

一段由浅灰色、灰色及灰绿色的板岩、千枚岩、变质粉—细砂岩等组成，少有片岩、石英岩及变质火山碎屑岩和变质凝灰岩。下部或中下部以含粉砂质绢云母板岩、绢云母板岩及千枚状绢云母板岩等泥质岩类为主，夹少量变质粉—细砂岩。上部为变质粉—细砂岩与粉砂质绢云母板岩及绢云母板岩呈不定比互层。自下而上泥岩减少、砂岩增多；自北西向南东泥岩增多、砂岩减少。在从江乌叶、归眼和高文等地区，一段下部发育少量绢云母片岩，台江新寨和雷山雀鸟见石英岩。从江和台江的局部地区，一段上部夹有变质凝灰岩或变质沉凝灰岩。一般厚度为500～700m(图3-3)。

二段为深灰色—灰黑色绢云母板岩、粉砂质绢云母板岩、千枚状绢云母板岩和绢云千枚岩等板岩夹变质粉—细砂岩，偶夹变质沉凝灰岩。岩石中偶尔见结晶灰岩小透镜体。台江和从江地区变质程度较深。变质砂岩以不同的形式呈透镜状夹层产出，在印江一带，二段下部的变质砂岩为灰白色厚块状变质细粒长石岩屑砂岩。在台江地区，二段下部见

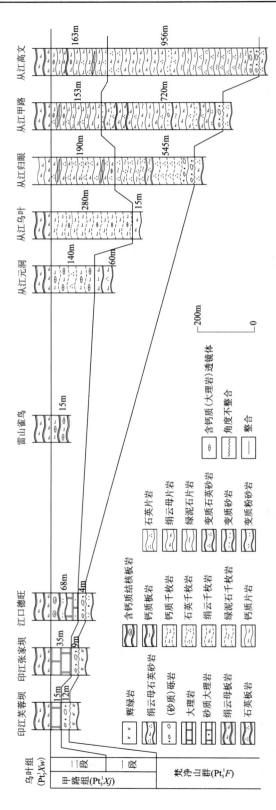

图3-2 江南造山带西段(贵州段)下江群甲路组地层划分对比图

第三章 下江群的岩石地层和年代地层

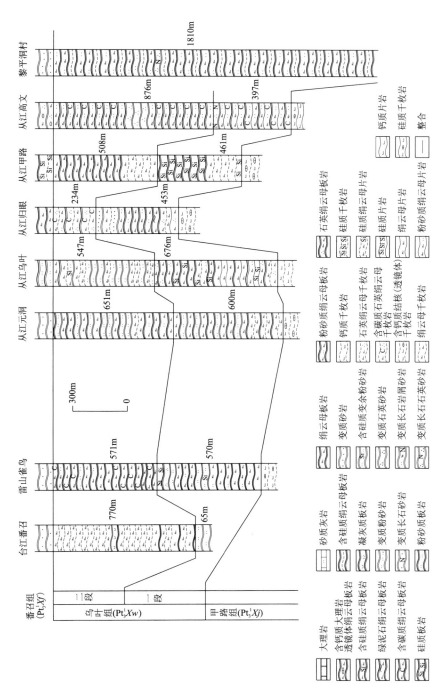

图 3-3 江南造山带西段（贵州段）下江群乌叶组地层划分对比图

变质硅质砂岩。在雷山地区,二段中部为深灰色变质粉砂岩,在黎平一带为变质粉—细砂岩,从江一带为变质粉砂岩局部偶夹变质粉—细砂岩。

(三)番召组($Pt_3^1 Xf$)

番召组广泛分布于贵州东部及邻区。各地沉积厚度变化较大,梵净山东部沉积厚度明显较西部的沉积厚度小,从江一带的沉积厚度也较小,沉积中心位于台江番召一带(图3-4)。番召组分为两段。

一段岩性以变质粉—细砂岩为主。常以浅灰色、灰色薄—中层粉砂质绢云母板岩、含粉砂质绢云母板岩以及绢云母板岩等板岩类与变质粉—细砂岩呈不定比互层。变质砂岩中常含深灰色片状黏土质岩(砾)屑,一般在岩层底部见砾岩透镜体,偶尔见结晶灰岩小透镜体产在粉—细砂岩或板岩中。以变质粉—细砂岩和板岩类向上呈变细的韵律旋回变化为比较典型的陆源碎屑岩浊积岩建造。厚度一般在620~800m。

二段以灰色、深灰色薄—厚层状粉砂质绢云母板岩、绢云母板岩、凝灰质板岩等板岩类夹少量变质粉—细砂岩及变质沉凝灰岩。变质粉—细砂岩多出现在下部,上部夹层多为变质沉凝灰岩。岩石中偶尔见结晶灰岩小透镜体产出。

(四)清水江组($Pt_3^1 Xq$)

清水江组分布范围和沉积中心均与番召组相似(图3-5)。

清水江组岩性以含大量凝灰质岩石为特点。变质沉凝灰岩、变质粉—细砂岩、变质砂岩、变质凝灰质砂岩、凝灰质板岩、砂质绢云母板岩、粉砂质绢云母板岩和绢云母板岩等呈多样式不定比互层。变质沉凝灰岩多于变质粉砂岩,凝灰质板岩多于粉砂质绢云板岩和绢云板岩。

清水江组大略以锦屏—三都一线为界,其北西地区岩性组合主要是变质砂岩、变质粉砂岩、变质凝灰岩及变质沉凝灰岩,板岩所占比例较小,上部发育细密弯曲纹层——如马尾一样由一端洒向另一端,俗称"马尾丝状"纹层,因"马尾丝状"纹层的变质沉凝灰岩较多而分成两段。其南东地区以凝灰质板岩为主,夹变质凝灰岩、变质沉凝灰岩、变质砂岩和变质粉砂岩,难以进行区域性地层划分对比。岩石组合变化的总趋势为自北西向南东,变质粉砂岩减少,板岩增多(图3-5)。

(五)平略组($Pt_3^1 Xp$)

平略组主要分布在贵阳—镇远—湖南芷江一线以南地区。北部的沉积中心在三都—榕江—锦屏一带,向南从江加水等地存在局部隆起,南部沉积中心在从江甲路一带(图3-6)。

平略组的岩性主要为浅灰色、灰色及灰绿色薄—厚层状绢云母板岩、粉砂质绢云母板岩以及绿泥石绢云母板岩等板岩类,夹少量变质粉—细砂岩及凝灰质板岩,下部时夹变质沉凝灰岩。平略组分为两段。平略组一段以板岩占绝对主体,呈现"板岩夹砂岩"的特征,平略组二段砂质含量有所增加,呈现板岩与砂岩互层的特征。

第三章 下江群的岩石地层和年代地层

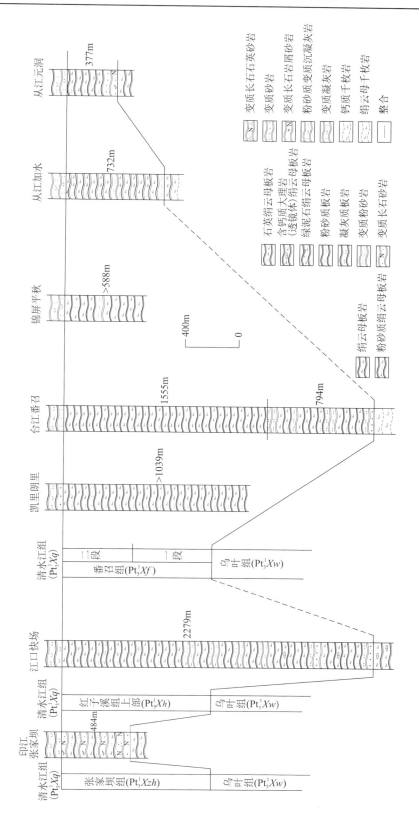

图3-4 江南造山带西段(贵州段)下江群番召组地层划分对比图

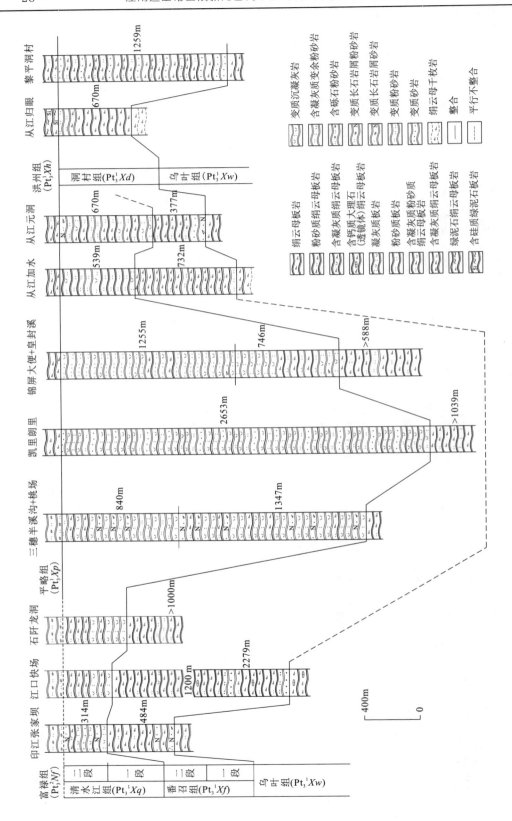

图 3-5 江南造山带西段（贵州段）下江群清水江组地层划分对比图

第三章 下江群的岩石地层和年代地层

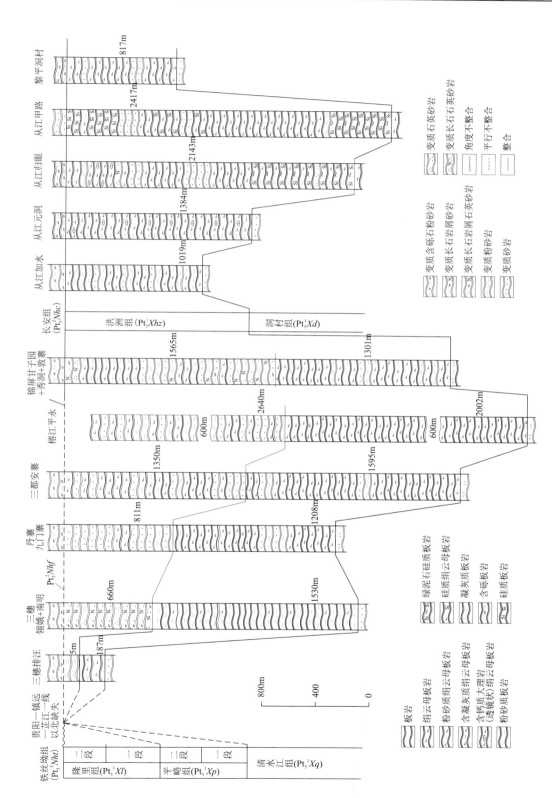

图 3-6 江南造山带西段（贵州段）下江群平略组和隆里组地层划分对比图

在锦屏平略、黎平孟彦及榕江平永等地,中部或上部夹较多变质砂岩,其中偶尔含砾或有砾岩小透镜体。在台江展架等地夹紫红色绢云板岩。厚度一般为800~2300m。天柱聚溪最薄(806.8m),三都里息最厚(2300m)。

(六)隆里组($Pt_3^1 Xl$)

隆里组分布范围在平略组基础上进一步萎缩,主体沉积古地貌与平略组相似(图3-6)。可以分为两段。

隆里组岩性组合为浅灰色—灰色变质砂岩及变质粉砂岩夹板岩,或变质粉—细砂岩与板岩互层。变质砂岩有杂砂岩、长石石英砂岩及石英砂岩,粉—细砂级至中、粗砂不等粒状,时含细砾及砾岩小透镜体。厚度一般为600~800m,从江加水厚115m,榕江平永厚达2040m,西北向东南呈急剧变薄的趋势。

二、下江群的年代地层

前寒武纪地层划分与对比主要以构造-沉积旋回为基础,辅以沉积建造、岩浆活动、重大地球化学事件和同位素年龄等。下江群地层中岩性标志层较少,能用于定年的有效生物化石缺乏,据1:20万黎平幅资料,研究区新元古代早期仅找到了一些微古植物化石(*Leiopsophosphaera solida*,*Asperatopsophosphaera baulensis*,*Pseudozonosphaera junshaoensis*,*Trachysphaeridium incrasatum*等),早期因下江群及其相当层位的年代学数据稀少,下江群的时代归属、地层详细划分和区域地层对比一直未得到很好的解决。本书系统采集下江群中沉凝灰岩、含凝灰质碎屑岩和碎屑岩,利用LA-ICP-MS技术开展锆石U-Pb定年,约束了下江群的沉积时限,并为江南造山带下江群及相当层位的地层划分与对比提供新的依据。

(一)样品信息及特征

在大面积的地质填图和大量剖面测制的基础上,在四堡群河村组和下江群甲路组、乌叶组、番召组、清水江组、平略组和隆里组7个地层组中采集了用于锆石年代学研究的样品(图3-7、图3-8)。根据碎屑岩中锆石年龄制约地层年代的原理和方法,采用能用于限定地层年代的沉凝灰岩、含凝灰质碎屑岩和碎屑岩样品开展锆石U-Pb年代学研究(表3-1)。

沉凝灰岩类:包括清水江组3件样品($CjXjQsj-2$、$XjQsj-2$、$XjQsj-4$)。野外呈深色与淡色以纹层状互层(图3-9a),呈块状或致密状,发育细密弯曲、同沉积断层等沉积构造;岩石坚硬,发育硅化蚀变。室内岩矿鉴定为变质沉凝灰岩,层状构造,变余凝灰结构(图3-9b、c),由火山碎屑、陆源碎屑和填隙物组成。火山碎屑占65%~80%,以细粒火山灰为主,粗粒少见,成分为火山灰(40%~70%)、玻屑(3%~20%)及晶屑(2%~5%)。陆源碎屑占10%~20%,粉砂级和细砂级比例为7:3至9:1,呈次磨圆状、圆状,磨圆度

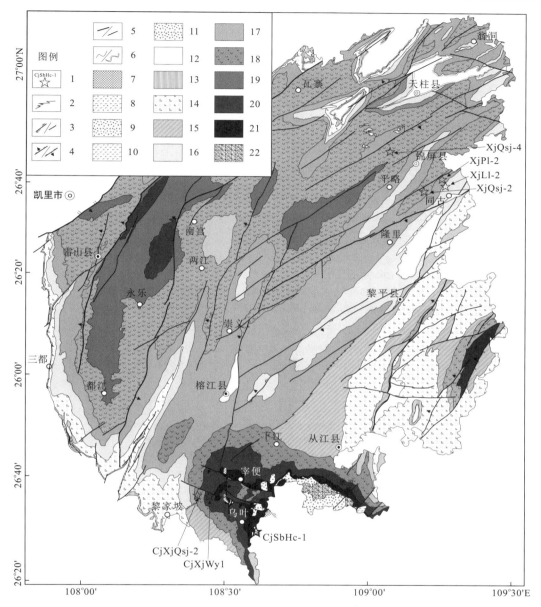

图 3-7 研究区锆石测年样品采集位置示意图

1. 本书锆石、地球化学、岩石薄片采样位置；2. 相变界线；3. 平移断层/性质不明断层；4. 正断层/逆断层；5. 区域性/一般性断层；6. 整合/角度不整合界线；7. 下江期辉绿岩；8. 下江期基性岩；9. 下江期花岗岩；10. 四堡期基性岩；11. 四堡期花岗岩；12. 寒武系之后地层；13. 跨南华系—寒武系地层；14. 南华系；15. 下江群平略隆里组；16. 下江群隆里组；17. 下江群平略组；18. 下江群清水江组；19. 下江群番召组；20. 下江群乌叶组；21. 下江群甲路组；22. 四堡群河村组

和分选性均良好。陆源碎屑成分为石英矿物屑（3%～10%）、长石矿物屑（2%～3%）、岩屑（2%～6%，包括变质硅质岩岩屑、变质陆源碎屑岩岩屑、板岩岩屑）及其他矿物屑（1%，

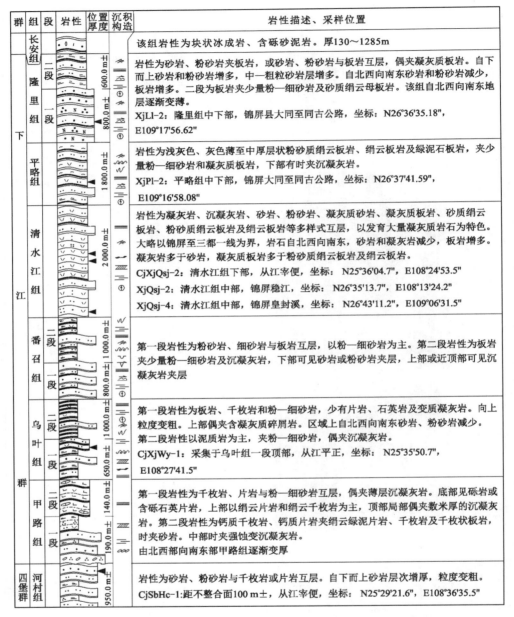

图 3-8 研究区锆石定年样品在地层剖面上采集位置示意图

包括绿泥石矿物屑、云母矿物屑、电气石矿物屑等)。填隙物占 6%～14%，对火山碎屑和陆源碎屑起胶结作用，成分为绿泥变晶体(3%～7%，结晶颗粒粒径小于 0.10mm 或半自形—自形状显微鳞片状变晶)、绢云母变晶(3%～8%，结晶颗粒粒径小于 0.10mm 或半自形—自形状显微鳞片状变晶)。火山灰已脱玻硅化，少数呈晶屑。玻屑分解为霏细状和隐晶的硅质、鳞片状绢云母及绿泥石，仍然保存着多种如"鸡骨""飞鸟""撕裂"等奇特的碎屑形态。晶屑有石英、长石及黑云母。

表 3-1 LA-ICP-MS 锆石 U-Pb 年代学实验样品信息

序号	编号	岩性	地层	地理位置	地理坐标
1	XjLl-2	变质粉—细—中粒岩屑砂岩	隆里组中下部	锦屏大同—同古	E:109°17′56″,N:26°36′35″
2	XjPl-2	含凝灰质变质粉—细粒长石岩屑砂岩	平略组中下部	锦屏大同—同古	E:109°17′19″,N:26°37′48″
3	XjQsj-2	变质沉凝灰岩	清水江组中部	锦屏稳江	E:109°13′24″,N:26°35′14″
4	XjQsj-4	变质沉凝灰岩	清水江组中部	锦屏皇封溪	E:109°06′32″,N:26°43′11″
5	CjXjQsj-2	变质沉凝灰岩	清水江组下部	从江宰便	E:108°24′54″,N:25°36′05″
6	CjXjWy-1	含凝灰质变质粉—细粒长石岩屑砂岩	乌叶组一段顶部	从江正平	E:108°27′42″,N:25°35′51″
7	CjSbHc-1	变质粉—细—中粒砂岩	河村组距不整合面约100m	从江宰便	E:108°36′36″,N:25°29′22″

含凝灰质碎屑岩类：包括乌叶组和平略组样品各1件(CjXjWy-1,XjPl-2)。野外呈灰绿色、浅灰色、灰褐色，由泥质粉砂质纹层与变质粉—细—中砂岩呈不定比互层，岩性主要为变质粉—细砂状长石岩屑砂岩(图3-9d)。呈块状或层状构造，发育水平层理、浪成交错层理和递变层理等，岩石硬度一般，发生较强的绿泥石云母化。室内岩矿鉴定主要由陆源碎屑和填隙物组成，变质细粒状或不等粒状结构(图3-9e、f)。陆源碎屑约占样品总量85%，分布不甚均匀；以细粒为主,细砂级：中砂级约为9:1；呈次圆状、圆状，磨圆度和分选性均良好；碎屑成分为石英矿物屑(28%～46%)和岩屑(28%～32%,以变质陆源碎屑岩岩屑和变质硅质岩岩屑为主,少见板岩岩屑和变质玄武岩岩屑等)、长石矿物屑(10%～24%)及其他矿物屑(1%,如锆石矿物屑、电气石矿物屑等)。填隙物约占样品总量的9%；成分为绢云母变晶(6%,结晶粒度小于0.10mm,显微鳞片状变晶,半自形—自形状)、黑云母变晶(0%～5%,结晶粒度小于0.30mm,鳞片状变晶,半自形—自形状)和绿泥石变晶(3%～8%,结晶粒度小于0.10mm,显微鳞片状变晶,半自形—自形状),对陆源碎屑起胶结作用。样品火山碎屑已脱玻硅化,少见晶屑以长石、黑云母和变质玄武岩等形式产出。

碎屑岩类：包括四堡群的河村组和隆里组样品各1件(CjSbHc-1,XjL1-2)。野外呈浅灰色、灰褐色，中—细粒状变质长石岩屑砂岩。呈块状或层状构造,发育平行层理、波状交错层理等；发生较强的绿泥石云母化。岩矿鉴定主要由陆源碎屑和填隙物组成,变质中—粗粒状或不等粒状结构。陆源碎屑占样品总量的85%～90%,分布不均匀；不同样品中粒径大小及含量均不等,主要以细砂级/中砂级为主；呈次圆状、圆状,磨圆度和分选性均良好；碎屑成分为石英矿物屑(15%～65%)和岩屑(15%～65%,以变质陆源碎屑岩岩屑和变质硅质岩岩屑为主,少见板岩岩屑等)、长石矿物屑(4%～26%)及其他矿物屑(1%～2%,如锆石矿物屑、电气石矿物屑等)。填隙物占样品总量9%～14%；成分为绢

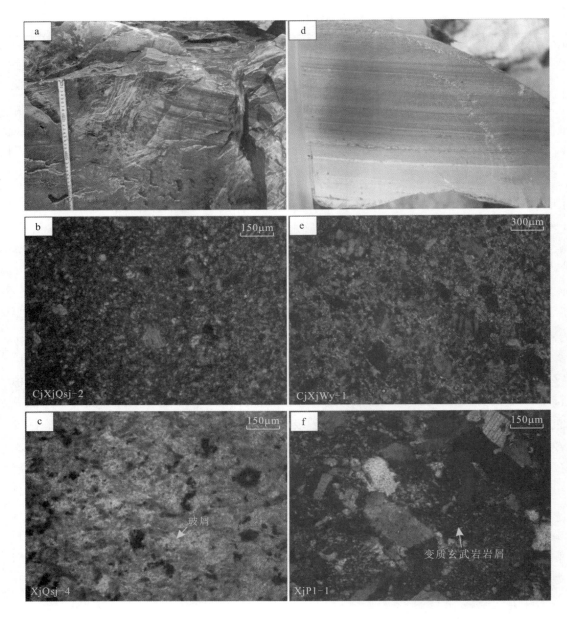

图 3-9 下江群地层中岩石的野外沉积构造及室内镜下照片
a.清水江组岩石野外沉积构造;b,c.清水江组变余沉凝灰结构;d.平略组岩石沉积构造;
e.乌叶组不等粒结构;f.平略组不等粒结构

云母变晶(3%～8%,结晶粒度小于 0.10mm,显微鳞片状变晶,半自形—自形状)、黑云母变晶(1%～5%,结晶粒度小于 0.30mm,鳞片状变晶,半自形—自形状)和绿泥石变晶(3%～5%,结晶粒度小于 0.10mm,显微鳞片状变晶,半自形—自形状),对陆源碎屑起胶结作用。

(二)测试结果

1. 锆石形态和阴极发光

挑选的锆石多数呈浅色、浅黄色,其次为无色,颗粒以长柱状、短柱状、板状和针状为主,也见不规则状,锆石晶体长 25~275μm,宽 20~150μm,长宽比 1∶1~5∶1(个别可达 8∶1)。多数锆石晶型较完好,表面光滑,未见裂隙;少数呈碎片状,表面较脏,发育裂隙。3 件沉凝灰岩样品中锆石颗粒明显较小,以短柱状为主,长柱状次之,也可见针状,多数晶体长 35~70μm,长宽比多数在 1∶1~2.5∶1。碎屑岩或含凝灰质碎屑岩样品中锆石颗粒稍大,形态更为复杂,长、宽及比值范围更大。

锆石阴极发光图像揭示 5 种内部结构(图 3-10)。

(1)整体上具发育良好的岩浆振荡环带[a(32、34、66),b(5、17),b(2、37、53、55、63),

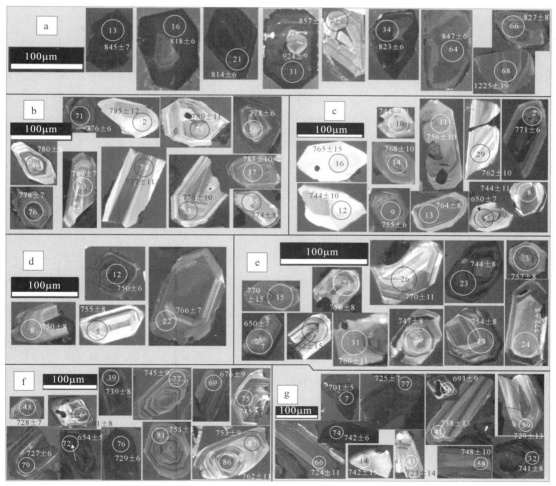

图 3-10 锆石内部结构的阴极发光图像(年龄单位为 Ma)
a. 来自 CjSbHc-1;b. 来自 CjXjWy1;c. 来自 CjXjQsj-2;d. 来自 XjQsj-2;
e. 来自 XjQsj-4;f. 来自 XjPl-2;g. 来自 XjLl-2

c(9、10、11、12、13、29),d(5、8、12、22),e(13、20、21、24、26),f(39、48、75、76、77、79、81、86、87),g(7、32、43、59、77)];

(2)岩浆振荡环带或幔边包裹具有均一或振荡环带的核[a(21、31),b(46、71、76),c(2、7、14),e(3、15、23、31)];

(3)具有扇形岩浆振荡环[a(16、68),b(74、75),c(16),g(41、58、66)];

(4)无明显的内部结构[a(13),c(8),h(14)];

(5)具有云雾状、斑杂状或冷杉叶状结构[a(64)、e(7)、f(6)、g(56)]。

其中前3种代表岩浆成因锆石,第5种为变质成因锆石,而第4种在地幔岩石中的锆石或者是变质锆石均有发育(吴元保和郑永飞,2004),测年锆石以岩浆锆石占绝大多数。

2. 锆石地球化学特征

每个样品中最年轻年龄组的锆石颗粒 C1 球粒陨石标准化 REE 配分模式见图 3-11。配分模式图可以区分出 2 种,模式 1 为轻稀土平坦[$(Sm/La)_N = 0.9 \sim 3.4$]和重稀土陡倾,La、Pr 和 Nd 相对富集,具有较小的正 Ce 异常和显著的负 Eu 异常(图 3-11);模式 2 为 La 至 Lu 逐渐陡倾的配分模式,具有较大的正 Ce 异常和中等—大的负 Eu 异常(图 3-11)。轻稀土的富集可能存在 4 种原因:①锆石结晶时 LREE 优先进入锆石的晶格缺陷中;②锆石结晶时的熔体成分与全岩成分不一致;③分析点中包含了富 LREE 的磷酸盐矿物,这些矿物一般富 Th;④后期地质事件扰动时 LREE 优先进入被扰动的锆石中(吴元保和郑永飞,2004)。模式 1 中一些锆石具有较高的 Th 含量(多数 Th 大于 200×10^{-6}),部分锆石的阴极发光图显示具有晶格缺陷[如图 3-9c(46)、f(15、23)],只有少数显示了被后期地质事件扰动特征(图 3-11d(8、16)、g(6)、h(7、14、59))。

因此,锆石 REE 配分模式、Th/U 比值(多数大于 0.4)和阴极发光图像共同表明这些颗粒为岩浆锆石,少数被后期地质事件改造(Hoskin and Ireland,2000;Hoskin and Schaltegger,2003;Rubatto and Hermann,2007)。

3. 锆石 U-Pb 年龄

在 423 个分析点中,年龄谐和度(Concordance)小于 70% 的有 5 个点;70%~<80% 的有 11 个点;80%~<85% 的有 9 个点;85%~<90% 的有 15 个点;余下 383 个分析点年龄谐和度大于或等于 90%。此处将谐和度大于或等于 85% 的分析点视为谐和年龄,共计 398 点。在这 398 点中 Th 和 U 含量分别为 $(14 \sim 1726) \times 10^{-6}$(1 个点 Th $< 20 \times 10^{-6}$,11 点 $20 \times 10^{-6} <$ Th $< 30 \times 10^{-6}$)和 $(18 \sim 3689) \times 10^{-6}$(2 点 U $< 20 \times 10^{-6}$,3 点 $20 \times 10^{-6} <$ U $< 30 \times 10^{-6}$);Th/U 比值在 $0.15 \sim 2.78$ 之间(除 CjSbHc-1-9,U $= 5052 \times 10^{-6}$,Th/U ≈ 0.05),24 点 Th/U 在 $0.20 \sim 0.40$ 之间,余下 364 点的 Th/U 比值大于 0.40。

四堡群河村组:样品号 CjSbHc-1,共测锆石 78 颗。22 颗分析位置处于锆石边部,56 颗分析位置处于锆石中部。其中,CjSbHc-1-9 点的年龄为 595Ma,该点的 Th/U $\approx$ 0.05,U 含量达 5052×10^{-6},阴极发光极暗,谐和度为 88%,推测为变质年龄。余下 77 个

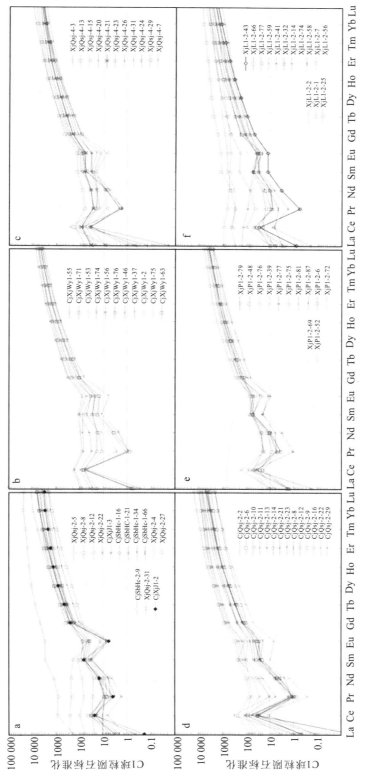

图3-11 研究区新元古代碎屑沉积岩和沉凝灰岩样品中年轻年龄组锆石的稀土配分模式

点中有 18 颗 Th/U 比值在 0.2~0.3 之间，59 颗 Th/U＞0.4；阴极发光显示绝大多数属于岩浆锆石，少数被后期改造；谐和度大于 90%，均落在谐和线上或附近（图 3-12a_1、a_2）。它们年龄分布在 2544~814Ma 之间，可以分为 5 个年龄段，即 2591~2477Ma($n=4$)、2470~2419Ma($n=1$)、1942~1763Ma($n=6$)、1683~1503Ma($n=8$)和 931~811Ma($n=52$)；给出了 6 个年龄峰值，即 2533Ma($n=4$)、1893Ma($n=3$)、1824Ma($n=5$)、1593Ma($n=8$)、864Ma($n=30$)和 819Ma($n=4$)（图 3-12a_3）。最小年龄为(814±6)Ma。最年轻的 4 个年龄在谐和图上给出的交点年龄为(818.9±11)Ma(MSWD=0.89)（图 3-12a_2）；而加权平均年龄为(819.8±6.4)Ma(MSWD=0.69)（图 3-12a_4）。

下江群乌叶组一段顶部：样品号 CjXjWy1，共测锆石 77 颗。16 颗分析位置处于锆石边部，61 颗分析位置处于锆石中部。CjXjWy1-20、CjXjWy1-62 测点的年龄分别为 716Ma 和 722Ma，Th/U≈1，阴极发光岩浆振荡环带清楚，未表现出明显变质特征，但该年龄在样品中属于孤立年龄，并明显比上覆地层年龄年轻很多。7 颗锆石谐和度小于 85%，70 颗谐和度大于 85%（67 颗大于 90%），它们均落在谐和线上或附近（图 3-12b_1、b_2）。谐和度大于 58% 的点的 Th/U＞0.5。除去其中两颗明显不合群的年龄(712Ma 和 722Ma)，68 锆石年龄分布在 2739~774Ma；分为 1 个年龄段，即 910~758Ma($n=63$)；给出 3 个年龄峰值，即 866Ma($n=5$)、834Ma($n=28$)和 781Ma($n=16$)（图 3-12b_3）。最小年龄为(774±8)Ma。谐和度大于 85%，最年轻的 10 个年龄在谐和图中交点年龄和加权平均年龄分别为(781.6±7.6)Ma($n=10$, MSWD=0.45)（图 3-6b_2）和(779.5±5.0)Ma(MSWD=0.47)（图 3-12b_4）。

清水江组底部：样品号 CjXjQsj-2，共测锆石 30 颗。3 颗分析位置处于锆石边部，28 颗分析位置处于锆石中部。CjXjQsj-2-8 阴极发光显示为变质锆石；CjXjQsj-2-18 颗粒阴极发光图片中见明显裂隙，谐和度为 79%；CjXjQsj-2-26 谐和度为 71%。余下的 27 颗锆石谐和度均大于 90%；均落在谐和线上或附近（图 3-12c_1、c_2）；它们的 Th/U 均大于 0.5；阴极发光呈岩浆锆石的特征。它们中除了一个年龄为 2472Ma 外，其余年龄均分布在 882~744Ma 之间；可分为 2 个年龄段，即 878~864Ma($n=1$)和 838~735Ma($n=24$)；给出 4 个年龄峰值，即 865Ma($n=3$)、829Ma($n=4$)、794Ma($n=11$)和 770Ma($n=10$)（图 3-12c_3）；最小年龄为(744±10)Ma；最年轻的 13 个年龄在谐和图中交点年龄和加权平均年龄分别为(767.3±7.1)Ma(MSWD=1.5)（图 3-12c_2）和(764.0±6.3)Ma(MSWD=1.5)（图 3-12c_4）。最小年龄峰值、交点年龄和加权平均年龄在误差范围内高度一致。

清水江组中部：样品号 XjQsj-4，共测锆石 31 颗。6 颗分析位置处于锆石边部，25 颗分析位置处于锆石中部。XjQsj-4-7 点的 Th 含量较高，阴极发光显示颗粒中见次生包裹体。余下 30 颗锆石中有 29 颗谐和度大于 91%，1 颗(XjQsj-4-24)谐和度为 76%；均落在谐和线上或附近（图 3-12d_1、d_2）；它们的 Th/U 均大于 0.5；这些年龄分布在 2002~744Ma 之间；可以分为 1 个年龄段，即 844~731Ma($n=27$)；给出 4 个年龄峰值，即 818Ma($n=12$)、784Ma($n=10$)、771Ma($n=9$)和 754Ma($n=9$)（图 3-12d_3）；最小年龄值

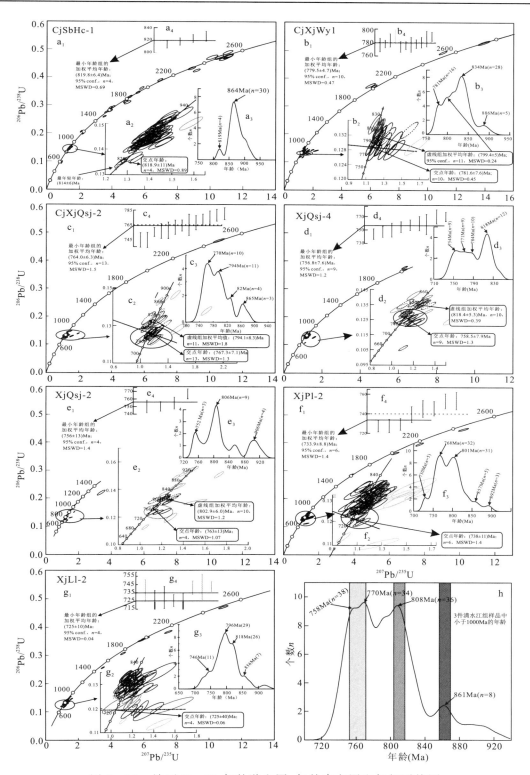

图 3-12 锆石 U-Pb 年龄谐和图、年龄直方图和加权平均图

为$(744±8)$Ma;最年轻的 9 个年龄在谐和图中交点年龄和加权平均年龄分别为$(758.5±7.9)$Ma(MSWD=1.3)(图 3-12d_2)和$(756.8±7.6)$Ma(MSWD=1.2)(图 3-12d_4)。最小年龄峰值、交点年龄和加权平均年龄在误差范围内基本一致。

清水江组中部:样品号 XjQsj-2,共测锆石 31 点。8 点分析位置处于锆石边部,23 点分析位置处于锆石中部。XjQsj-2-31 的稀土配分模式显示其不是锆石颗粒;XjQsj-2-2 点的年龄为 44Ma,推测为地表混入或污染锆石。在 29 颗锆石中,有 2 点锆石谐和度分别为 62%和 64%,4 点谐和度为 83%~88%,余下 23 点谐和度大于 92%。而有 2 颗 Th/U 比值含量分别为 0.32 和 0.39,余下 27 颗 Th/U 比值大于 0.45。它们多数落在谐和线上或附近,少数漂移(图 3-12e_1、e_2);锆石可以分为 3 个年龄段,即 922~894Ma($n=3$)、826~777Ma($n=10$)和 771~739Ma($n=4$);给出 3 个年龄峰值,即 906Ma($n=4$)、806Ma($n=9$)和 752Ma($n=3$)(图 3-12e_3)。最小年龄为$(750±8)$Ma。最小的 4 个年龄在谐和图中交点年龄和加权平均年龄分别为$(763±13)$Ma(MSWD=1.07)(图 3-12e_2)和$(756±13)$Ma(MSWD=1.4)(图 3-12e_4)。最小年龄峰值、交点年龄和加权平均年龄在误差范围内基本一致。

另外,在整个下江群剖面中,清水江组以含大量凝灰质为特征,它可能代表一次区域性构造事件。如将清水江组时期的 3 件沉凝灰岩样品的年龄进行综合处理,可以加强该组中凝灰质层位的年龄信息。因此,本书对清水江组的 3 件沉凝灰岩样品中的 111 点进行分析(除去前文排除的点),年龄分布在 2472~724Ma,可分为一个组,即 926~724Ma($n=107$);给出 4 个年龄峰值 861Ma($n=8$)、808Ma($n=36$)、770Ma($n=34$)和 758Ma($n=38$)(图 3-12h)。

平略组中上部:样品号 XjPl-2,共测锆石 88 颗。28 颗分析位置处于锆石边部,60 颗分析位置处于锆石中部。XjPl-2-52 的稀土配分模式已明显发生改变;XjPl-2-6 和 XjPl-2-69 的阴极发光明显受到强烈改变;XjPl-2-7 的 Th 含量极高,阴极发光可见明显岩浆环带和次生包裹体。余下 84 颗锆石颗粒中有 4 颗谐和度在 80%~86%之间,80 颗谐和度大于 90%;它们均落在谐和线上或附近(图 3-12f_1、f_2)。有 4 颗 Th/U 比值在 0.15~0.36 之间,80 颗 Th/U 比值大于 0.4。年龄分布在 2502~727Ma;可分为 2 个年龄段,即 893~874Ma($n=2$)和 872~717Ma($n=77$);给出 5 个年龄峰值,即 892Ma($n=3$)、857Ma($n=5$)、801Ma($n=31$)、768Ma($n=32$)、730Ma($n=5$)(图 3-12f_3)。最小年龄应为$(727±6)$Ma。最小的 6 个锆石年龄在谐和图中交点年龄和加权平均年龄分别为$(738±11)$Ma(MSWD=1.4)(图 3-12f_2)和$(733.9±8.8)$Ma(MSWD=1.4)(图 3-12f_4)。最小年龄峰值、交点年龄和加权平均年龄在误差范围内一致。

隆里组下部:样品号 XjLl-2,共测 89 个点。51 个分析点处于颗粒边部,38 个分析点处于颗粒中部。其中有 7 颗(XjLl-2-2、XjLl-2-7、XjLl-2-16、XjLl-2-25、XjLl-2-31、XjLl-2-51 和 XjLl-2-56)阴极发光一定程度上保留了岩浆锆石环带特征但明显发生变质作用,XjLl-14 的颗粒显示为变质成因锆石。余下的 82 颗锆石中,有 2 颗谐和度分别为 73%和 81%;6 颗谐和度在 86%~89%之间,74 颗谐和度大于 90%;仅 1 颗

Th/U≈0.33,81颗Th/U比值大于0.4。它们均落在谐和线上或附近(图3-12g_1、g_2)。这些年龄分布在2526～723Ma,它们分为2个年龄段,即2023～1894Ma($n=2$)和886～703Ma($n=73$);给出5个年龄峰值,即1954Ma($n=4$)、856Ma($n=7$)、818Ma($n=26$)、796Ma($n=29$)和746Ma($n=11$)(图3-12g_3)。最小年龄为(723±14)Ma。最小的4个年龄在谐和图中交点年龄和加权平均年龄分别为(725±40)Ma(MSWD=0.06)(图3-12g_2)和(725±10)Ma(MSWD=0.04)(图3-12g_4)。

(三)年龄的合理性处理与相互制约

碎屑岩中同时存在同沉积期和早期火山物质,目前不清楚早期火山物质经一次或多次搬运后最终能保存多少以及其对最小年龄组的影响有多大?处理最小年龄组应结合客观地质条件并充分考虑早期年龄的影响。一般来说,碎屑岩中火山物质含量越高,其最小年龄组的加权平均年龄越接近地层年龄。本书中3件清水江组沉凝灰岩样品中火山物质含量高达65%～85%,它们的最小年龄组的加权平均年龄能代表地层的沉积年龄;乌叶组和平略组的碎屑岩中可见少量火山物质,它们的最小年龄组的加权平均年龄也基本能反映地层沉积年龄;尽管河村组和隆里组的碎屑岩中未鉴定出火山物质,其最小年龄组的加权平均年龄仅为地层提供沉积年龄的参考信息。如隆里组中最小年龄峰值为746Ma,最小的8个年龄的交点年龄和加权平均年龄分别为(753±22)Ma(MSWD=0.55)和(735.9±6.4)Ma(MSWD=1.04),该年龄值比下伏的平略组年龄大。两件样品采集于同一剖面,相距真厚约500m,样品采集剖面未发育断层。结合野外地质事实,本书仅取最小的4个年龄的加权平均年龄(725±10)Ma,这个年龄仅供参考。

(四)下江群地层的时代约束及区域地层对比

江南造山带西段下江群与四堡群间的不整合界面是武陵运动的体现,一种观点认为它是Rodinia超级大陆的分裂解体后陆-陆碰撞的产物,另一种观点认为它是扬子地块与华夏地块多次碰撞拼贴的结果。不管怎样,它标志着新一轮构造-沉积旋回的开始,下江群是新旋回时期的沉积地层。王剑等(2005)认为该地层是侧向延伸不连续、底界面不等时的"楔状地层",其最低层位代表沉积旋回的"起点"。不整合面自黔东南从江向黔东北梵净山地区表现为由低向高的变化,我们测得从江地区河村组顶部碎屑岩中最小年龄组的加权平均年龄为(819.8±6.4)Ma,同时清水江组和隆里组中见818Ma峰值年龄,这一数据支持武陵运动发生在820Ma左右。近年来大量精确年代学资料表明这一重要年龄界线不仅适用于江南造山带西段,如梵净山群回香坪组凝灰岩的年龄为(814±15)Ma(Zhou et al,2009),益阳冷家溪群顶部英安岩年龄为(823±6)Ma(Wang et al,2007),岳阳冷家溪群顶部凝灰岩年龄为(822±11)Ma(高林志等,2011);也适用整个江南造山带,如溪口群顶部凝灰岩年龄为(828±4)Ma(Wang et al,2014),双桥山群修水组碎屑岩中见最小年龄峰值为815Ma(Wang W,et al,2013),井潭组中捕获的英安岩年龄为(820±16)Ma(吴荣新等,2007)(图3-13)。

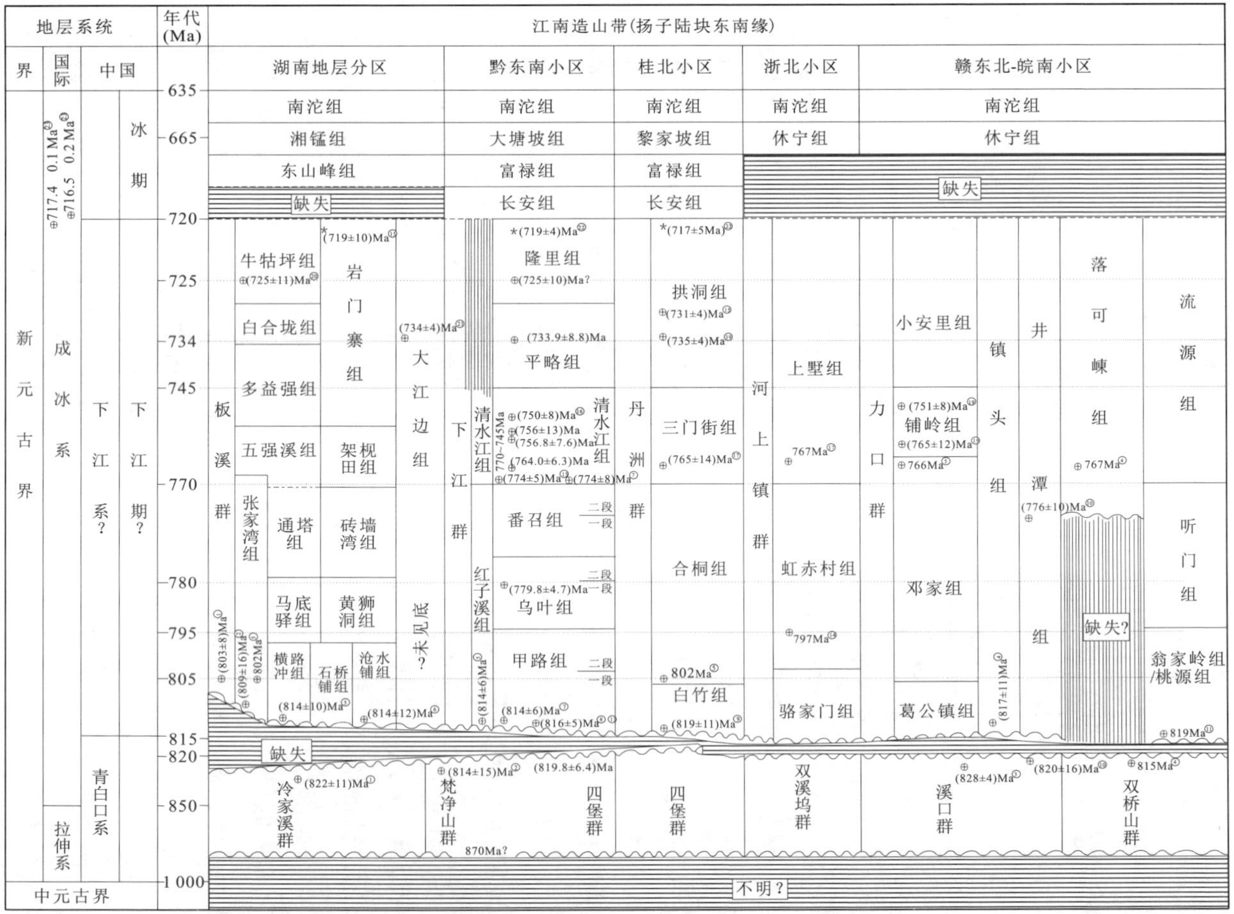

图 3－13　江南造山带新元古代下江期地层划分与对比

①高林志等，2011；②Zhou et al，2009；③Wang et al，2014；④Wang W，et al，2013；⑤高林志等，2014；⑥王剑等，2003；⑦高林志等，2010b；⑧曾雯等，2005；⑨周汉文等，2002；⑩吴荣新等，2007；⑪王剑等，2005；⑫尹崇玉等，2003；⑬王剑等，2006；⑭Li Z X，et al，2003；⑮Wang X C，et al，2012；⑯Wang et al，2010；⑰Zhou et al，2007；⑱高林志等，2008；⑲Wang and Zhou，et al，2012；⑳Zhang et al，2008；㉑伍皓等，2013；㉒汪正江等，2013；㉓Macdonald et al，2010。⊕. 加权平均年龄或峰值年龄；*. 单颗锆石年龄；↑. 侵入岩年龄

武陵造山运动之后可能存在沉积间断,下江群的沉积起始年龄应晚于820Ma。曾雯等(2005)和王剑等(2006)报道的黔东南甲路组基性火山岩年龄均为(816±5)Ma;高林志等(2010b)获得贵州印江甲路组斑脱岩年龄为(814±6)Ma;周汉文等(2002)报道了桂北白竹组下段基性火山岩年龄为(819±11)Ma,这些年龄在误差范围内一致,样品取自地层底部或下部,其沉积时限接近下江群起始年龄,由此推测下江群的起始年龄可能为约815Ma。区域上湘北沧水铺组底部火山集块岩的年龄为(814±12)Ma(王剑等,2003),湖南芷江小鱼溪板溪群新寨组(相当于横路冲组)凝灰岩年龄为(813.5±9.6)Ma(高林志等,2014);安徽南部镇头组碎屑岩的最小峰值年龄为817Ma(Wang W,et al,2013),也显示武陵构造面之上的沉积起始时限应晚于820Ma。因此,江南造山带地区下江群及相当层位的沉积起始时限基本一致(图3-13),可能在815Ma左右。

笔者在下江群清水江组、平略组、隆里组以及沉凝灰岩组合样等样品中获得了794Ma、806Ma、796Ma、801Ma和808Ma一系列峰值年龄,它们与江南造山带幕式岩浆活动时间810~805Ma(Ⅱ)和800~795Ma(Ⅲ)两次峰值对应(图3-14)。结合乌叶组一段顶部的沉积时限约780Ma,笔者认为810~805Ma是甲路组火山活动频发时期;而800~795Ma是乌叶组底部的沉积时限。在湘北岳阳地区板溪群凝灰岩的年龄为(803±8)Ma(高林志等,2011),杨家坪张家湾组凝灰岩的年龄为(809±16)Ma(尹崇玉等,2003)和802Ma(高林志等,2014),可与甲路组地层对比(图3-14)。而乌叶组底部可与江南造山带东段的虹赤村组(797Ma)下部的地层对比(Li Z X,et al,2003)(图3-14)。

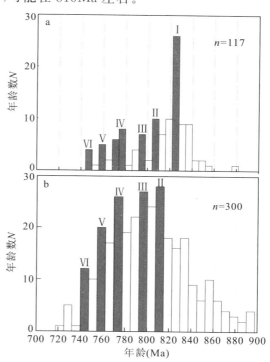

图3-14 江南造山带新元古代下江期岩浆岩年龄(a)和碎屑岩年龄(b)分布直方图

图a中数据(转)引文献Zhou et al(2009)、王敏(2012)、Wang W,et al(2013)和Wang et al(2014);图b中数据来自本书CjXjWy1、CjXjQsj-2、XjQsj-2、XjQsj-4、XjPl-2和XjLl等样品

目前有关下江群内部年龄多数为清水江组地层年龄,如贵州锦屏南部至黎平地区清水江组凝灰岩、凝灰质火山岩的年龄为(750±8)Ma(Wang et al,2010)和(774±5)Ma(Wang X C,et al,2012),贵州雷山地区清水江组斑脱岩年龄为(774±8)Ma(高林志等,2010b),铜仁瓦屋、清镇铁厂地区清水江组年龄分别为(782±8)Ma、(785±8)Ma和(780±9)Ma(汪正江等,2009)。

笔者在从江和锦屏北部获得的清水江组底部和中部沉凝灰岩年龄分别为(764.0±6.3)Ma、(756.8±7.6)Ma 和(756±13)Ma，平略组中见 768Ma 的峰值年龄，清水江组沉凝灰岩组合样中见 770Ma 和 758Ma 的年龄峰值，上述数据在误差范围内基本一致。综合各年龄数据，笔者认为 770Ma 和 758Ma 是清水江组底部和中部的沉积时限，据此沉积速率推测，清水江组顶部的沉积时限约为 745Ma。区域上，桂北三门街一带产于三门街组（即合桐组上部）的铁镁质侵入岩的年龄分别为(761±8)Ma(葛文春等，2001)和(765±14)Ma(Zhou et al,2007)。三门街组应与清水江组对比，而不应与清水江组下伏地层番召组对比。区域上清水江组与湖南杨家坪板溪群上部[(758±23)Ma](尹崇玉等，2003)、江西南部井潭组(773Ma)(吴荣新等，2007)、安徽南部铺岭组(765Ma)(Wang and Zhou,2012)、邓家组顶部(766Ma)(高林志等，2014)和浙北地区上墅组(767Ma)(高林志等，2008)显示为同时期沉积地层(图 3-13)。另外，在湖南古丈地区见同位素年龄为 768Ma 的橄榄辉石岩(Zhou et al,2007)，它与五强溪组之间的接触带见明显的烘烤边和侵入构造，暗示五强溪组应该与清水江组进行对比。

笔者获得平略组中上部的沉积时限为(733.9±8.8)Ma，该年龄与湖南桂阳县大江边组上部的(734±4)Ma(伍皓等，2013)、广西罗城拱洞组的(731±4)Ma(Wang X C,et al,2012)和融水县拱洞组中上部的(735±4)Ma(Wang and Zhou,2012c)在误差范围内一致，显示为同时期地层(图 3-7)。

笔者获得隆里组中下部碎屑岩年龄为(725±10)Ma，湖南芷江牛牯坪组沉凝灰岩年龄也为(725±10)Ma(Zhang et al,2008)，二者一致，表明属同期地层(图 3-13)。本次测年样品之上隆里组尚有千余米的沉积厚度（真厚），其顶部沉积时限应晚于 725Ma。区域上，锦屏墩寨隆里组顶部最年轻的锆石年龄为(719±4)Ma(汪正江等，2013)、广西龙胜拱洞组顶部最年轻的锆石年龄为(717±5)Ma(汪正江等，2013)和板溪群岩门寨顶部最年轻的锆石年龄(719±10)Ma(Wang X C,et al,2012)基本一致，它们暗含了隆里组顶部的沉积时限。隆里组被上覆南华纪长安冰期沉积物覆盖，二者之间在黔东南锦屏至榕江一线以南东为整合接触关系(卢定彪等，2010)，隆里组顶界时限与冰期的底界时限应一致。湘中长安组中锆石最小年龄为(720.2±12)Ma(杜秋定等，2013)，暗示长安组最大沉积时限约为 720Ma。长安冰期与全球性广泛分布的 Sturtian 冰期均属南华纪的第一次冰期，其全球时限应基本一致。加拿大西北部 MountHarper 群上部冰碛岩是 Sturtian 冰期最早沉积物，其下 D 段火山杂岩年龄[(717.4±0.1)Ma]和内部所含角砾状凝灰岩年龄[(716.5±0.2)Ma]被认为是低纬度 Sturtian 冰期的最大年龄(Macdonald et al,2010)，由此推测下江群盆地的消亡时间应该在 720Ma 左右。

综上所述，江南造山带西段（贵州段）四堡群河村组顶部的碎屑岩、下江群中乌叶组一段顶部的含凝灰质碎屑岩、清水江组底部沉凝灰岩、清水组中部的沉凝灰岩、平略组中上部的含凝灰质碎屑岩和隆里组中下部的碎屑岩中最小年龄组的加权平均年龄分别为(819.8±6.4)Ma、(779.5±4.7)Ma、(764.0±6.3)Ma、(756.8±7.6)Ma 或(756±13)

Ma、(733.9±8.8)Ma 和(725±10)Ma。下江群的沉积时限被约束在 815~720Ma 之间，甲路组一段的沉积时限被约束在 815~805Ma 之间，甲路组二段钙质岩系的沉积时限被约束在 805~795Ma 之间；乌叶组一段沉积时限被约束在 795~780Ma 之间；乌叶组二段至番召组的沉积时限被约束在 780~770Ma 之间；清水江组的沉积时限被约束在 770~745Ma 之间；平略组和隆里组的沉积时限被约束在 745~720Ma 之间。

第四章 下江群的沉积特征与沉积演化

一、下江群的沉积相

(一)沉积相划分

沉积环境是指沉积物形成的自然环境条件,是一个发生沉积作用的具有独特的物理、化学和生物特征的地貌单元,并以此作为相邻地区的区别特征;而沉积相则是指自然环境的产物,即沉积环境的物质表现。在术语使用中采取词干相同而词尾不同的方法来区别,如用"河流环境"表示其沉积环境,用"河流相"表示其沉积相。在整理分析大量区域地质调查报告(广西壮族自治区地矿局,1985;贵州省地矿局,1987;湖南省地质矿产局,1988;贵州省地质调查院,2017)和文献(董宝林,1993;唐晓珊等,1994;张晓阳等,1995;胡宁和堪建国,1999;潘传楚,2001;陈文一等,2006;汪正江,2008;张传恒等,2009;杨菲等,2012;陈建书等,2014b)资料的基础上,笔者开展了野外调查和踏勘。根据研究区出露的岩石类型、岩石组合、沉积构造等特征,笔者认为研究区下江群主要为海相,其次为陆相;其中,海相可分为浅水碳酸盐沉积和浅海陆源碎屑沉积(表 4-1)。

表 4-1 江南造山带西段(贵州段)下江群沉积环境划分

地层单元			沉积环境	特征岩性及沉积构造特征
群	组	段	北西地区→南东地区	
下江群	隆里组	二段	沉积缺失→河控三角洲→滨海→浅海	上部为变质石英砂岩、变质长石石英砂岩夹板岩;下部为板岩夹变质砂岩或板岩与变质砂岩互层。见波痕层理(波脊走向 NE-SW)、水平层理、羽状和槽状交错层理
		一段	滨海→浅海	板岩与变质粉—细砂岩互层,时夹含砾变质砂岩、含砾变质粉砂岩、变质砾岩和砂岩透镜体。见水平层理、交错层理、平行层理、波痕层理(波脊走向 NE-SW)
	平略组	二段	滨海→浅海→半深海	各类板岩与变质粉—细砂岩互层,时含砾岩或砾岩透镜体。见水平层理、波痕层理、交错层理、平行层理,波痕层理(波脊走向 NE-SW)发育,指示从 NW 向 SE 滑移变形构造
		一段	滨海→浅海→半深海	各类板岩夹变质砂岩,偶夹变质沉凝灰岩或含凝灰质岩石。见水平层理、交错层理、平行层理,波痕层理(波脊走向 NE-SW)发育,指示从 NW 向 SE 滑移变形构造

续表 4-1

地层单元			沉积环境	特征岩性及沉积构造特征
群	组	段	北西地区→南东地区	
下江群	清水江组		浅海→半深海→深海	以含大量凝灰质岩石为特征。以含凝灰质变质砂岩、变质粉砂岩夹各类凝灰岩为主,少见板岩,偶见变质含砾细—粗砂岩砂岩体。见水平层理、具包卷或褶曲或截切等复杂形态的细密纹层(俗称马尾丝)、交错层理、平行层理、滑移变形构造,见 ABC、BCD、CDE 等鲍马序列
	番召组	二段	浅海→半深海→深海	板岩与变质粉—细砂岩互层,见变质沉凝灰岩或含凝灰质岩石。见 AB、DE、BCDE 和 CDE 鲍马序列,负荷构造和火焰状构造,具指示 NW 向 SE 滑移变形构造
		一段	浅海→半深海→深海	板岩与变质粉—细砂岩互层,偶见钙质透镜体,可见岩屑,见酸性火山岩。见 AE、BE、ABE 鲍马序列,负荷构造和火焰状构造,具指示 NW 向 SE 滑移变形构造,偶见走向 NE-SW 近对称的脊状波痕
	乌叶组	二段	浅海→半深海	板岩、千枚岩,偶夹变质沉凝灰岩或含凝灰质岩石。北部地区时夹层状或透镜状灰白色厚块状变质长石岩屑细砂岩。中部地区时夹变质粉砂岩。南部地区时夹变质粉—细砂岩,见结晶灰岩透镜体。见细纹状水平层理、波状层理、均匀层理等
		一段	滨海→浅海	板岩、千枚岩、变质粉—细砂岩、偶含变质凝灰岩。变质砂岩从北向南含量逐渐减少,粒度逐渐变细,北部地区为较多的变质石英、变质长石砂岩局部含砾,南部地区为较少的变质细—粉砂岩。北部地区地层中下层位夹紫红色、灰紫色板岩。中部和南部地区地层中偶夹变质凝灰岩或凝灰质岩石。具水平层理、丘状交错层理、波状层理和滑移变形等
	甲路组	二段	混合潮坪→浅海	钙质板岩、钙质千枚岩,北部地区夹灰色、深灰色或紫灰色局部乳白色结晶灰岩透镜体,局部地区见叠层石,中下部夹基性火山岩。中部地区夹紫灰、肉红色结晶灰岩透镜体。南部地区夹灰白色及浅灰色结晶灰岩透镜体,夹强蚀变基性火山岩。见水平层理、波状层理、羽状层理等
		一段	河流→滨海、浅海	变质砾岩、变质砂砾岩、变质岩屑砂岩,北部地区上部夹板岩、千枚岩,中部和南部地区底部为变质砾岩或含砾石,下部为变质粉—细砂岩、石英千枚岩,上部以板岩、千枚岩为主,变质砂岩、变质粉砂岩与泥岩呈韵律互层。砾石成分复杂,磨圆度北部地区较好,而南部地区以次磨圆度为主,具定向性呈叠瓦状或顺层排列。具冲刷构造、板状斜层理、交错层理、泥砂互层层理、水平层理等

说明:北西地区是指贵阳—镇远—玉屏一线以北地区,南东地区是指荔波—从江—黎平一线以南地区,二者之间为中部地区。

(二)下江群的沉积相特征

1. 甲路组

1) 甲路组一段

甲路组一段下部普遍发育变质砾岩、含砾变质砂岩。但不同地区底砾岩在成分组成、成分成熟度和结构成熟度上存在差异。

贵州梵净山芙蓉坝地区岩性为块状变质砾岩、变质含砾岩屑砂岩、变质含砾砂岩和变质砂岩等,颜色为灰绿色和紫灰色,砂泥质杂基充填,砾石成分主要为板岩和变质砂岩,其次为石英岩、辉绿岩及花岗岩等,砾径为2~10cm,多呈棱角—次棱角状,分选及磨圆度均差,偶呈叠瓦状顺层排列,砾石含量一般在40%~80%。含砾变质岩屑砂岩中隐约见层理发育。砾石成分与下伏地层相同,成分和结构成熟度差,为冲积扇及河流相沉积(图4-1a);含砾层一般厚1~47m。

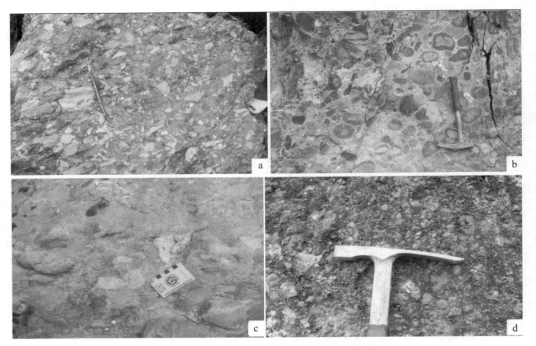

图4-1 研究区下江群甲路组底部底砾岩特征(据陈建书等,2014b)
a.贵州梵净山西侧芙蓉坝;b.贵州梵净山东侧红子溪;c.湖南芷江鱼溪口;d.贵州从江平正

梵净山红子溪地区岩性为变质砾岩、变质含砾砂岩和变质砂岩等,颜色为灰色,砂泥质杂基充填,基底式胶结,砾径为2~10cm,多呈棱角—次圆状,分选差,砾石成分复杂,主要为变质砂岩和板岩,其次为石英岩、辉绿岩、细碧岩和凝灰岩等,砾石含量一般在40%~70%。砾石成分与下伏地层相同,成分及结构成熟度较差,为河流相沉积(图4-1b);含砾层一般厚5~50m。

贵州从江—桂北地区岩性为复成分变质砾岩、含绢云母石英千枚岩和变质砂岩等,颜色为灰绿色,砂泥质杂基充填,砾径为2~10cm,多呈次圆—圆状,分选较差,含量一般在25%~80%;砾石成分主要为变质砂岩,其次为石英千枚岩、石英岩、基性岩和花岗岩等,砾石成分与下伏地层相同,成分及结构成熟度较差,为河流相沉积(图4-1c),含砾层一般厚0~59m。

在湖南芷江地区为复成分砾岩,颜色为灰绿色和紫红色,砂泥质杂基充填,成分主要为石英岩,其次为变质砂岩、板岩等,局部尚有同生泥砾,砾径为1～8cm,多呈次圆—圆状,分选差,含量40%左右。见冲刷构造、板状交错层理和平行层理等。砾石岩性与下伏基岩差异较大,成分和结构成熟度较高,为河流相沉积;砾岩层一般厚0～21m。中部岩性为变质含砾不等粒长石石英砂岩夹含砾砂质板岩,砾岩成分与底部基本相似,发育交错层理、波痕和冲洗层理,砾径较底部小,一般为1～4m,呈圆状,厚70m左右。上部岩性为砾岩夹含砾板岩,砾石成分主要为石英岩,占砾石含量的90%。局部富集成层,一般含量为5%～50%,砾径与中部相似,分选差而磨圆好,厚70m左右。二元结构明显(图4-1d),为河流相沉积(陈建书等,2014b)。

甲路组一段底砾岩之上,部分地方发育一套变质砂泥质组合(图4-2),在芙蓉坝和张家坝地区缺失。在北部的梵净山红子溪地区砂泥质岩厚138～686m,颜色为灰绿色,见水平层理、透镜状层理,可见透镜状或薄层状菱铁矿,为滨海相沉积。在湖南芷江地区厚45m,颜色为灰绿色、紫红色,见水平层理、脉状、波状和透镜状层理、交错层理和水流波痕,属于滨海相沉积。而在贵州从江至广西北部地区砂泥质组合厚180～690m,岩石中砂质含量较北西地区多,表现为砂岩、粉砂岩与板岩交替互层,见变质长石石英砂岩局部夹变质石英砂岩,砂岩中见水平层理、交错层理(图4-2a),板岩中见水平层理、脉状、波状和透镜状层理(图4-2b),属于滨海相沉积(陈建书等,2014b)。

图4-2 贵州从江元洞地区下江群甲路组一段上部粉砂质板岩、变质粉—细砂岩特征
a.水平层理和交错层理;b.水平层理和透镜状层理

2)甲路组二段

岩性为钙质板岩、钙质千枚岩和钙质片岩。常见薄层或小透镜体状结晶灰岩,也有厚度达数米的块状结晶灰岩透镜体,结晶灰岩厚度区域变化规律与一段砾岩层相似。甲路组二段是下江群中少见的浅水碳酸盐沉积,属于混合潮坪至浅海相。

区域上的沉积特征整体相似,但也具有差异性。在梵净山芙蓉坝、张家坝和江口德旺地区为灰色、浅灰色厚层块状结晶灰岩和钙质板岩,结晶灰岩呈(2cm×5cm)~(5cm×40cm)的透镜体及条带产出,含叠层石,顶部起伏似古岩溶或不平坦藻丘,厚1~39m,江口密林树最薄,印江肖家河最厚。在梵净山东侧红子溪地区为紫灰色各类板岩夹透镜状的结晶灰岩,结晶灰岩透镜体大小一般为(2cm×7cm)~(5cm×60cm),厚120m左右。在湖南芷江地区为紫红色钙质板岩夹粉砂质板岩或透镜状结晶灰岩,钙质板岩中结晶灰岩透镜体大小为(2cm×4cm)~(4cm×80cm),中部见厚约1m的富铁锰质层。见脉状、透镜状层理,厚276m左右。在台江新寨为紫灰色、肉红色结晶灰岩、钙质千枚岩、钙质片岩,未见底,厚度大于65m。在雷山县迪气和雀鸟为灰色千枚状钙质板岩夹透镜体结晶灰岩,未见底,厚度大于65m。在从江一带为灰色、浅灰色、灰绿色钙质千枚岩、钙质片岩夹绢云母绿泥石片岩、千枚岩和千枚状板岩,岩石中时夹变质砂岩。上部又称为"上钙质岩系",钙质千枚岩中含结晶灰岩透镜体或条带,条带大小为(1cm×3cm)~(5cm×60cm)。结晶灰岩时或呈浅肉红色或灰白色,垂向上显示为富泥质层与富钙锰质层交替沉积。中部一般为粉砂质千枚岩或板岩夹变质粉砂岩或细砂岩,局部可见由向上逐渐变细的变质粉砂岩与千枚岩互层。下部又称"下钙质岩系",钙质千枚岩中夹浅肉红色、灰白色结晶透镜体,由富泥质层与富钙锰质层交替沉积。在从江平正、地虎一带甲路组二段中部夹强蚀变基性火山岩。在从江归林见波状层理、羽状层理,一个沉积旋回底部往往发育同生滑移变形褶皱和同生断层构成的"滑移层"(图4-3)。

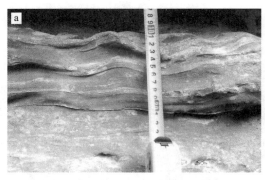

图4-3 贵州从江元洞地区下江群甲路组二段钙质岩系特征
a.钙质岩系及其波状层理;b.钙质岩系及其羽状层理和同生滑移变形

2. 乌叶组

1)乌叶组一段

岩性为浅灰色、灰色及灰绿色的板岩、千枚岩、变质粉—细砂岩,少有片岩、石英岩及变质火山碎屑岩和变质凝灰岩。下部或中下部以含粉砂质绢云母板岩、绢云母板岩及千枚状绢云母板岩等泥质岩类为主,夹少量变质粉—细砂岩。上部为变质粉—细砂岩与粉砂质绢云母板岩及绢云母板岩呈不定比互层,以变质粉砂岩和变质细砂岩为主,夹板岩。总体上,板岩与变质砂岩呈不定比互层的韵律旋回。自下而上泥岩减少,砂岩增多;自北西向南东泥岩增多,砂岩减少。

在贵州江口德旺等地区乌叶组一段下部岩性以板岩类为主,上部以变质砂岩为主,在向南东方向的雷山地区也基本表现出上述特征,至南部的从江地区上部的砂岩不明显。在张家坝地区砂岩多为长石砂岩局部含砾,雷山地区砂岩中含海绿泥石和菱铁矿,台江和从江地区上部可见变质凝灰岩及变质沉凝灰岩夹层,偶见灰岩小透镜体。板岩普遍呈薄板状,发育水平层理(图 4-4a)、波状层理(图 4-4b),粉—细砂岩中见浪成交错层理

图 4-4 贵州从江地区下江群乌叶组一段岩石及沉积构造特征
a.水平层理;b.波状层理;c.浪成交错层理;d.丘状交错层理;e.滑移变形;f.凝灰岩角砾

(图4-4c)、丘状交错层理(图4-4d),偶见滑塌-滑移变形(图4-4e)和角砾状构造(图4-4f)。乌叶组一段在贵阳—镇远—玉屏一线以北地区为滨海相沉积,而在该线以南地区主体属于浅海相沉积。

2) 乌叶组二段

岩性以深灰色—灰黑色绢云母板岩、粉砂质绢云母板岩、千枚状绢云母板岩和绢云千枚岩等板岩为主,偶夹变质细—粉砂岩、变质岩屑长石细砂岩夹层或透镜体,局部层位偶夹变质沉凝灰岩。

不同地区的变质砂岩和变质粉砂岩夹层表现出不同的特点,位于北西印江张家坝、江口德旺一带,该层位的下部夹灰白色厚层块状变质细粒长石岩屑砂岩;在台江一带该层位上部夹变质硅质粉砂岩;雷山一带夹深灰色变质粉砂岩;黎平洞村一带夹变质粉—细砂岩;从江一带夹变质粉砂岩,局部夹变质粉—细砂岩或变质石英砂岩。在黎平洞村和从江高文,见钙质小透镜体的粉砂质绢云母板岩或变质粉砂岩。台江新寨下部的绢云母千枚岩中时夹紫红色极微薄层白云岩。贵州从江地区以各类厚块状板岩为主(图4-5a),岩石中发育纹层清晰的水平层理(图4-5b),局部可见粗粒滞留层、纹层段、泥岩组成的沉积韵律(图4-5c),一些地方的粗粒滞留层中泥砾具有优选方向(图4-5d),也可见仅由粗粒滞留层、泥岩段组成的沉积韵律(图4-5e、f)。乌叶组二段主体应属浅海相。向南东的桂北地区沉积环境可能向半深海相过渡。

3. 番召组

1) 番召组一段

岩性以变质粉—细砂岩为主。常以浅灰色、灰色薄—中层粉砂质绢云母板岩、含粉砂质绢云母板岩以及绢云母板岩等板岩类与变质粉—细砂岩呈不定比互层。变质砂岩中常含深灰色片状泥质岩屑,一般在岩层底部见砾岩透镜体,偶尔见结晶灰岩小透镜体产在粉—细砂岩或板岩中。以变质粉—细砂岩和板岩类向上呈变细的韵律旋回变化为比较典型的陆源碎屑岩浊积岩建造。

在三穗—台江一带底部以各类板岩为主,中上部以变质细—粉粒含砾石英砂岩与粉砂质板岩呈不定比互层,偶夹含硅质绢云母板岩;顶部为硅质绢云母板岩夹硅质粉砂岩。在从江一带也是以各类板岩为主,同时发育变质粉—细砂岩并偶见含砾砂岩。贵州从江地区板岩中发育水平层理、均匀层理(图4-6a,b),砂岩中见递变层理和平行层理(图4-6c)、滑移变形层理(呈波状弯曲、交叉及包卷等形态)(图4-6d),可见鲍马序列ABE、AE、BE等。属于浅海—半深海相沉积。

2) 番召组二段

岩性以灰色、深灰色薄—厚层状粉砂质绢云母板岩、绢云母板岩等板岩类为主,时或有凝灰质板岩,夹少量变质粉—细砂岩及变质沉凝灰岩。变质粉—细砂岩夹层多出现在下部,上部夹层多为变质层凝灰岩。岩石中偶见结晶灰岩小透镜体产出。

图 4-5 贵州从江地区下江群乌叶组二段岩石及沉积构造特征
a.碳质板岩夹砂岩;b.变质粉—细砂岩(岩石中见交错层理);c.变质岩屑长石细砂岩(岩石中见平行层理);d.变质岩屑长石细砂岩(岩石中见交错层理);e、f.水平层理

图 4-6 研究区下江群番召组岩石及沉积构造特征

a.板岩及水平层理;b.变质粉—细砂岩及水平层理;c.变质细砂岩及平行层理;
d.变质砂岩与角砾及滑移变形层理

在贵州三穗一带以粉砂质绢云母板岩和绢云母板岩呈韵律沉积,自下而上砂质逐渐减少。在贵州从江一带以云母板岩、含粉砂质绢云母板岩为主,时夹少量的变质粉—细砂岩。贵州从江地区板岩中以发育纹层状水平层理为主,可见块状层理,常见鲍马序列AB、CD 和 BCDE 段组合(图 4-7),偶见 CDE 段组合,常发育大量滑移变形层理。主体为半深海—深海相沉积。

图 4-7 贵州从江地区下江群番召组主要沉积特征
(水平层理、均匀层理以及组成的鲍马序列 DE 段)

综合来看,番召组层序韵律底界面清楚,主要有沟槽模、重荷模以及复合模等地模构造,在砂泥岩互层中常见负荷构造和火焰构造。砂岩中发育递变层理、块状层理和平行层理,板岩中常见纹层—条纹或细纹状水平层理,岩石层面上偶见走向 NE-SW 的近于对称的波痕。地层中时夹发育滑移变形的岩层,其内部常形成下部角砾状→上部揉皱包卷或仅包卷褶曲→火焰状或舌状构造的的变化规律。角砾多具塑性变形特征,角砾成分及褶曲岩石成分与上下"正常岩层"岩性基本一致,属于未固结成岩前期发生的滑移变形作用。

4. 清水江组

岩性以含大量凝灰质岩石和沉凝灰岩为特点。由变质沉凝灰岩、变质粉—细砂岩、变质砂岩、变质凝灰质粉砂岩、凝灰质板岩、砂质绢云母板岩、粉砂质绢云母板岩和绢云母板岩等呈多样式不定比互层,时夹变质细—中砂岩。变质沉凝灰岩多于变质粉砂岩,凝灰质板岩多于粉砂质绢云板岩和绢云板岩。自北西向南东岩石组合变化的总趋势为变质砂岩、变质粉砂岩和凝灰质含量减少,板岩增多。大略以锦屏—三都一线为界,北西和南东地区岩性特征存在一定差异。北西地区岩性组合主要是以变质细砂岩、变质长石岩屑砂岩、变质粉砂岩、变质凝灰岩、变质沉凝灰岩以及凝灰质板岩、凝灰质粉—细砂岩和含凝灰质粉砂岩为主,板岩所占比例较小,上部具"马尾丝状"(指具有黑白镶嵌的细条纹层呈波状褶曲、包卷、截接等复杂形态,形似马尾丝)细密层理的变质沉凝灰岩较为发育。南东地区以凝灰质板岩为主,夹变质凝灰岩、变质沉凝灰岩、变质砂岩和变质粉砂岩,难以进行区域性分段划分。

变质凝灰岩一般为厚层状—块状,无纹层或局部见较少纹层,致密坚硬。变质沉凝灰岩一般为中—厚层状,往往由暗色(凝灰泥质)或淡色(凝灰粉砂质)纹层相间组成,发育疏密相间的清晰可见的细纹层状水平层理(图 4-8a),这些细密纹层常常因发生液化及滑移等同生或准同生变形构造作用而形成"马尾丝状"(图 4-8b、c)。变质砂岩及变质粉砂岩主要为中厚层—块状,多为粉砂—细砂级,少见中—粗砂级,部分变质砂岩及粉砂岩层的底部可见细砾或砾岩透镜体(图 4-8d),发育递变层理、平行层理(图 4-8d)、交错层理和块状(均匀)层理。各类板岩中发育清晰的水平层理(图 4-8e)、波状层理(图 4-8f)和透镜状层理。变质砂岩、变质凝灰岩和板岩常组成向上变细的多元旋回式基本层序,形成厚几厘米至几米的鲍马序列 ABC、AC、ABCD、ABC、BCD 及 CDE 等。基本层序间界面清楚截然,可见冲蚀沟槽模、重荷模(图 4-8g)等,在鲍马序列 A 段常见各种板岩砾屑、凝灰质砾屑、粉砂质砾屑,砾多数具有定向性,少数无定向。区域上北西至南东地区 A 序列减少而 C 序列增多。层面上时有脊状对称或微不对称波痕走向 50°~60°,指示水流方向可能为北西向南东。岩层中时有滑移变形层产出,有滑塌角砾岩为主的,有滑移褶曲为主的,也有下部是角砾上部是褶曲的;滑塌角砾多出现在变质砂岩和凝灰岩中(图 4-8a),滑移褶曲则多发生在各类板岩中;从北西地区至南东地区滑移变形层具有规模逐渐变小、角砾变少、褶曲增多的规律;滑塌滑移变形统计分析,滑移古坡度 2°~3°,滑移方向为北西向

图4-8 研究区下江群清水江组岩石组合及沉积构造

a.变质沉凝灰岩中水平层理及滑塌角砾;b.凝灰质板岩及变形纹层;c.凝灰质变质粉砂岩及包卷层理;d.变质砂岩中的角砾及平行层理;e.变质粉砂质板岩及水平层理;f.凝灰质粉砂质板岩及波状层理;g.变质粉砂岩与重力荷模;h.变质砂岩及交错层理

南东。时有一些厚块状的粗砂岩,偶含砾或砾岩透镜体,发育大型交错层理(图4-8h)。

综上所述,平面上看,清水江组时期研究区北西地区以浅海至半深海相为主,向南东水体逐渐加深,至从江一带属于以半深海至深海相。垂向上来看,清水江组上部砂岩夹层或透镜体增多,砂岩粒级增粗,局部可见水下河道或滨海相潮道沉积的砂体,显示自下而上沉积水体呈多旋回快速变浅。

5. 平略组($Pt_3^1 Xp$)

平略组的岩性主要为浅灰色、灰色及灰绿色薄—厚层状绢云母板岩、粉砂质绢云母板岩以及绿泥石绢云母板岩等板岩类,夹少量变质粉—细砂岩及凝灰质板岩,下部时夹变质沉凝灰岩。平略组分为两段,平略组一段以板岩占绝对主体,呈现"板岩夹砂岩";平略组二段砂质含量有所增加,呈现板岩与砂岩互层。

在三穗—台江一带,平略组一段为粉砂质板岩、板岩,自下而上砂岩逐渐增多;二段为粉砂岩、砂岩和粉砂质板岩,自下而上砂岩逐渐减少。在台江展架等地平略组中见紫红色绢云板岩。在锦屏一带,平略组岩性以板岩为主,时夹变质粉—细砂岩,下部局部层位偶见变质凝灰岩。纵向上,岩石中砂质含量自下而上有多→少→多→少→多的变化趋势,粒级也随之有粗→细→粗→细→粗的变化趋势,中部砂质含量相对最多,粒度相对最粗,岩石层次相对最厚。在锦屏平略、黎平孟彦及榕江平永等地,中部或上部夹较多变质砂岩,其中偶尔含砾或有砾岩小透镜体。在从江一带,平略组岩性也是以各类板岩为主,局部夹灰岩或钙锰质透镜体,中上部夹少量变质细—中粒砂岩、粉—细砂岩。

平略组主要为薄层状板岩,岩石中主要以发育平直水平层理为特点,纹层多宽、疏,时而疏密相间(图4-9a、b),其次,常见小型浪成交错层理(图4-9c、d)。自下而上见多套发育滑移变形的岩层,变形岩层底部界面见明显冲刷现象,底部常见含板岩砾屑为主的砂岩或粗粒砂岩(图4-9e),中上部一般可见砂枕和火焰状构造(图4-9f)。

综上所述,平略组在三穗、锦屏一带总体属于浅海相沉积,至从江一带属于浅海—半深海相沉积。

6. 隆里组($Pt_3^1 Xl$)

隆里组岩性组合为浅灰色—灰色变质砂岩及变质粉砂岩夹板岩,或变质粉—细砂岩与板岩互层。变质砂岩有杂砂岩、长石石英砂岩及石英砂岩,粉—细砂级至中、粗砂不等粒状,时含细砾及砾岩小透镜体。隆里组由西北向东南有变薄趋势。

在贵州三穗—台江一带,隆里组岩性为变质长石砂岩、变质粉砂岩及板岩。岩石中发育大型交错层理(大型楔状交错层理、小—中型楔状交错层理)(图4-10a)、波状层理(图4-10b)、脉状层理(图4-10c)、水平层理(图4-10d)、平行层理(图4-10e)等。沉积组合多变,属于河控三角洲沉积体系。

在锦屏一带,隆里组一段中下部由少量变质含砾砂岩、变质中粒砂岩、变质细粒砂岩夹变质粉砂岩及泥质粉砂岩组成,由下至上粒度由细变粗。岩石中发育砂纹交错层理

图 4-9 贵州锦屏一带地区下江群平略组岩石及沉积构造特征
a、b. 薄层状板岩及平直的水平层理；c、d. 浪成交错层理；e. 变质含砾砂岩；
f. 变质粉砂岩与板岩互层，见枕状或火焰状构造

(图 4-11a)、水平层理、透镜状层理(图 4-11b)、脉状层理。一段上部为变质细砂岩、变质长石砂岩夹灰绿色、砖红色中厚层粉砂质板岩、板岩，变质长石砂岩、变质细砂岩总体固结程度差、易碎，具正粒序层理，主要见脉状层理、透镜状层理、波状层理、砂纹交错层理(图 4-11c)，也见平行层理，顶部见发育板状交错层理的大型砂体(图 4-11d)。隆里组二段中下部岩性以粉砂质板岩、板岩、泥质粉砂岩为主，其次为粉砂—细砂岩，二者呈互层

图 4-10　贵州三穗—台江地区下江群隆里组岩石及沉积构造特征
a.砂岩及大型交错层理；b.波状层理；c.脉状层理；d.粉砂岩及水平层理；e.砂岩及平行层理

状产出，发育水平层理、递变层理和块状层理，也见交错层理（图 4-11e、f）。隆里组二段上部的基本沉积旋回表现为：底部见凹凸不平的冲刷面→之上为灰白色厚层状粗粒石英砂岩（一般厚度为 0.5~3m）→向上为浅绿黄色厚层—块状长石石英中—粗砂岩（一般厚为 1~5m）→最上为中—厚层状细—中粒石英砂岩。单个沉积旋回内部自下而上岩石粒度表现为由粗到细的变化，多个沉积旋回的整体表现为自下而上岩石粒度由细变粗的特征,见平行层理、交错层理,表现为海退环境下滨海相的临滨—前滨亚相沉积。波痕多为走向北东的长条脊状,峰谷圆滑,大致对称,无明显前积纹层,主体显示物质运移方向为从北西向南东。

向南东至贵州黎平—从江一带一线以南东地区(桂北)隆里组的沉积环境可能过渡为滨海—浅海相。

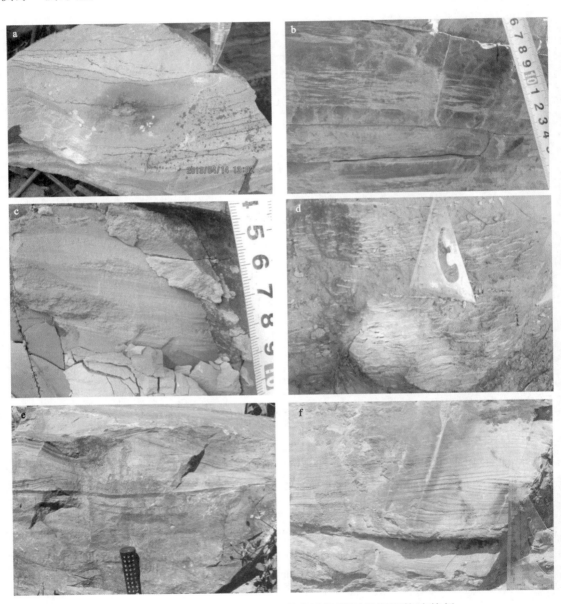

图 4-11 贵州锦屏地区下江群隆里组岩石及沉积构造特征

a、c. 粉—细砂岩及砂纹交错;b. 板岩中的透镜状层理;
d. 砂岩及板状交错层理;e、f. 砂岩及交错层理

二、下江群的事件沉积

(一)滑塌-滑移事件沉积

滑塌-滑移事件沉积主要发育于番召组和平略组,其次为清水江组,乌叶组、甲路组和隆里组少见。滑塌沉积与滑移沉积一般相互伴生或走向上为过渡关系,同时与浊流沉积伴生,一般位于浊流沉积的下部,走向分布不稳定,常常呈透镜状展布,造成某一组段地层在局部范围内增厚。

江南造山带西段(贵州段)下江群中由滑塌-滑移沉积形成的滑积岩主要有如下特征:①发育同生变形层理,变形纹层由砂泥质组成,呈微波起伏,有各种褶皱,形态杂乱排列,见同生蠕动和揉皱等特征。可依据褶皱轴的优选方向来确定滑积岩的运移方向。汪正江(2008)统计分布在贵州东部的准同生褶皱轴面产状确定滑积岩的运移方向约为SE210°。②主要由大小不等的断块组成,断块的大小在数米至十几米之间,断块的岩性可以相同或不同,具原生滑断的特征。③形成的滑塌角砾岩常常杂乱堆积在岩石中,偶见位于滑移沉积的下部或与其混杂在一起;多呈透镜状产出,局部与滑移沉积渐变过渡。角砾成分为绢云母板岩、粉砂质绢云母板岩、变质粉砂岩、变质砂岩、含泥质微—泥晶灰岩、泥晶灰岩,形态以棱角状为主,一般为次棱角状、次圆状,填隙物为粉砂、钙质、泥质,大小不一,杂乱分布,无分选。

下文简要论述研究区下江群各组滑积岩特征。

番召组(图4-12):滑塌-滑移变形层分布较为广泛。它们的外观呈厚块状,底界起伏不平,切削下伏正常岩层,顶界与正常沉积层渐变或平整接触。变形层内部:下部角砾状→上部揉皱包卷或仅有包卷褶曲。角砾多有塑性变形特征。角砾成分及褶曲岩石成分与上下"正常岩层"岩性一致,显然是未固结成岩前经滑塌-滑移改造而成,并非异源搬来之

图4-12 研究区下江群番召组滑塌-滑移沉积
a.从江地区滑褶岩;b.锦屏地区滑褶岩

物。单个滑塌-滑移变形层厚一般可有数米,最厚达20m。在雷公山地区,番召组中部滑塌-滑移变形层比较常见,它们与"正常层"呈韵律互层,韵律层序厚一般数米。在从江地区,单个"滑移层"厚数十厘米至数米,横向延伸十余米至数十米。从江地区滑塌-滑移沉积作用发育程度和规模明显较雷公山地区变小。

平略组(图4-13):滑塌-滑移作用发育最为广泛。总体呈厚块状,由具同生变形褶曲或不规则块状的粉砂质板岩、含粉砂绢云母板岩、少量变质细—粉砂岩组成,并常与薄层状发育水平层理的、未经同生变形的板岩呈韵律互层产出,滑塌-滑移变形层与正常沉

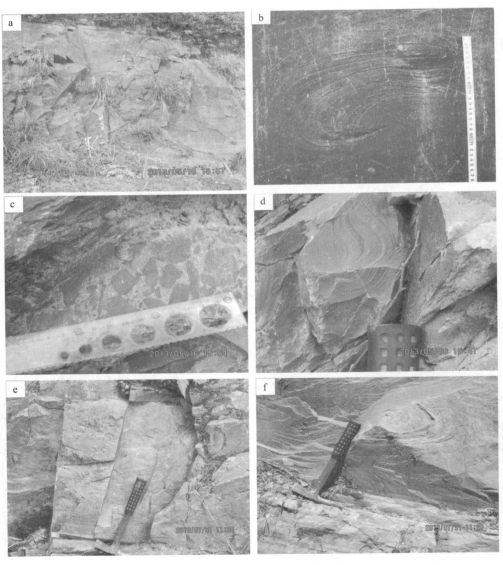

图4-13 贵州锦屏地区下江群平略组滑塌-滑移沉积
a.宏观特征;b.揉皱;c.滑塌角砾岩;d、e、f.滑褶岩

岩层岩性无明显区别。滑移变形层具有滑移变形的揉皱,局部有滑塌角砾状构造、滑移同生断层等,单一夹层厚数十厘米至数十米。平略组中部见多层滑移变形层与正常层韵律互层。

清水江组(图4-14a、b):时夹滑塌-滑移变形层是清水江组的一个重要特征,以滑塌角砾岩或滑移褶曲变形为主,往往下部以角砾为主,而上部以褶曲为主。当粉—细砂岩及凝灰岩发生滑塌-滑移变形时,常常形成角砾状构造;而板岩发生滑塌-滑移变形时则以形成褶曲为主。清水江组中滑塌-滑移分布范围、规模等发育程度明显小于番召组和平略组,主要分布在台江至雷山一带,一般厚度0.5~4m,大者有10m以上,自北西向南东滑塌-滑移变形层具厚度变小、角砾岩变少、褶曲增多的趋势。根据滑移褶曲轴面倒向的优选方位判定滑动的方向主要为由北西向南东。

其他层位:乌叶组在加勉北东侧底部见小规模(厚1~2m,横向延伸约10m)同生滑塌现象,以发育同生褶皱为主。隆里组在从江加鸠一带见同生滑塌-滑移岩层,主要发生同生褶皱,单个"滑移层"厚20cm至数米不等,横向延伸数米至数十米,规模小(图4-14c)。甲路组二段在从江元洞一带也发育同生滑塌沉积(图4-14d)。

图4-14 研究区下江群中甲路组、清水江组、隆里组中的滑塌-滑移沉积
a.从江清水江组中滑褶岩;b.锦屏清水江中滑褶岩;c.从江隆里组中滑褶岩;
d.从江甲路组滑褶岩

(二)浊流事件沉积

浊流作为重力流的一种,是沉积物和水的混合物在流动中由流体的紊动向上的分力支撑颗粒,使沉积物呈悬浮状态,所以浊流的支撑机理是湍流(紊乱)。浊流中沉积物呈悬浮状态搬运,搬运沉积量大。浊流流动强度和悬浮物沉积速度随着距离由近到远、垂向由底向顶都会迅速变化,由大变小,牵引作用也会逐渐增加。因此浊流沉积物即典型的浊积岩的沉积特征表现为复理石韵律旋回、递变层理、鲍马层序及底模构造等。

鲍马序列主要由 A 至 E 基本层序组合而成。研究区下江群地层中的中—薄层韵律浊积岩通常表现为不完整的鲍马序列,而厚层的韵律旋回浊积岩中可见完整的鲍马序列。不同层位的鲍马序列组合特征不同。王砚耕等(1984)曾对番召组作专题报道,在露头尺度上,具有鲍马序列 AE 段、BE 段或 ABE 段等,番召组上部最常见 AB、BCDE 和 CDE(图4-15)。平略组以 CD、CE、BC、BD、DE 组合为主,也见 ABCD 以及 ACD(图4-16);乌叶组时期主要以 ABC、BDE 组合;清水江组主要为 AC、ABC、ABC,偶见 ABCDE 完整组合。

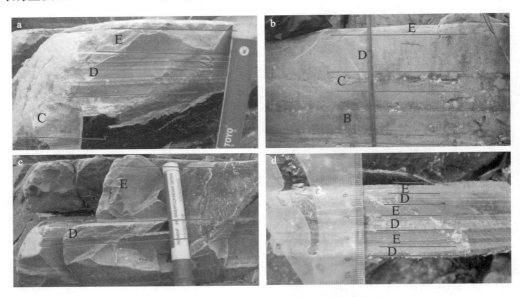

图4-15 研究区番召组浊流沉积鲍马序列

一些学者(王砚耕和朱士兴,1984;陈文一等,2006)研究认为,天柱地区多数为浊流 A 相、A—B 相,碎屑粒度较粗,显示近物源特点,具有间歇性高密度浊流特征。鲍马序列 C 段不甚发育,即使在 A—E 或 A—D 相中,鲍马序列 C 段也仅厚 0.05m 左右。而锦屏及以南地区,碎屑粒度相对较小,常发育为粉砂级碎屑或黏土,发育鲍马序列 D 段,显示为远源物源特征。从下至上,番召组中基本以 D 相远源细粒碎屑为主;清水江组表现为多旋回的远源与近源相互呈现的特征;平略组属于 D 相或 B—D 相,具有中源物源特征;隆里组碎屑粒度较粗,水体较浅,表现为近源相特征(汪正江,2008)。

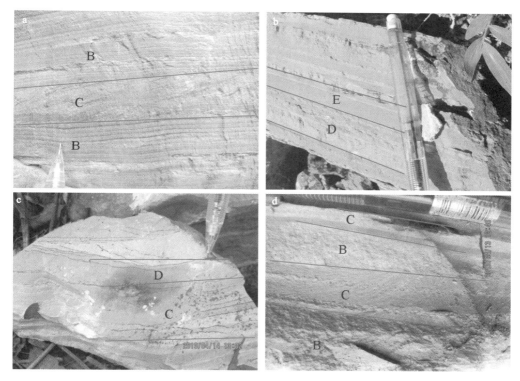

图 4-16 研究区下江群平略组浊流沉积鲍马序列

三、下江群的沉积古地理

武陵运动使得梵净山群与下江群、四堡群与丹洲群、冷家溪群与板溪群形成角度不整合关系,因此覆盖于该角度不整合面之上的下江群及其相当层位是新一轮构造旋回的沉积产物。

(一)甲路组的沉积古地理

甲路组一段底部均发育底砾岩、变质含砾砂岩。只是这些底砾岩在沉积时间上存在先后,沉积厚度上存在明显厚薄差异,砾石成分和结构等自身特征及其与基底之间的密切度也不相同。梵净山地区砾石成分与下伏基底一致,砾石成熟度较低,砾石砾径相对较大,砾石的颜色以紫红色、灰紫色等杂色为主,砾石层厚度1~50m。湖南芷江地区砾石成分与下伏基底差异较大,砾石成熟度较好,砾石砾径相对较小,具明显的二元结构,砾石的颜色以灰绿色为主,砾石层厚度约70m。从江至桂北地区砾石成分与下伏基底基本相同,砾石成熟度较低,砾石砾径相对较大,砾石颜色以灰色、灰绿色为主。这些底砾岩与下伏基底均为高角度不整合接触,其中梵净山地区不整合角度大于从江桂北一带,砾石层厚度0~60m。整体上反映了武陵运动造就江南造山带西段基底地貌高低不平,下江群甲路组早期长期处于夷平剥蚀阶段。

甲路组一段上部的砂泥质岩在研究区多数地方发育,局部地方不可见,厚薄存在极大差异,砂泥质自身组成特征也不尽相同。梵净山西侧为不发育砂泥质岩地区。梵净山东侧该套砂泥质岩表现为变质粉砂岩、粉砂质板岩和绢云母板岩,颜色以紫红色为主,厚度可达138～686m。湖南芷江地区为粉砂质板岩和绢云母板岩,颜色以紫红色为主,厚度可达45m。从江至桂北地区为变质砂岩、千枚岩和片岩,颜色为灰绿色,厚度可达180～690m。整体上可以看出,武陵运动之后导致的古地貌格局整体为北西梵净山地区高,从江至桂北地区低,反映砂泥质岩系具有上超特征,显示甲路组一段的沉积过程为逐渐向北超覆的过程,此外也显示存在次级坳陷。梵净山东西两侧的巨大差异可能反映了该区存在一条同沉积的控相断层或是早期形成的陡崖式古地貌。经过甲路组一段上部的砂泥质岩系的填平补齐以后,江南造山带西段各区位之间的古地貌差异逐渐缩小。

甲路组二段均发育一套钙质岩系。该套钙质岩系在江南造山带西段具有非常好的可对比性,仅厚度存在差异。由于钙质岩系沉积已经遍及全区,应是下江群盆地已经全面形成的表现,而钙质岩系则是盆地全面开启之后的构造活动相对平静期的沉积产物,全区发育较为稳定的钙质岩系可以作为研究区的一个岩性标志层。但是,南北钙质岩系的沉积特征也略有差异。厚度差异表现明显:梵净山芙蓉坝地区厚15m,梵净山张家坝地区厚35m,江口德旺地区厚68m,台江县新寨一带未见底,厚度大于65m;从江一带元洞地区厚140m,乌叶地区厚280m,归眼地区厚190m,甲路地区厚153m,高文地区厚163m。此外,在平正、地虎一带中部发育强蚀变基性火山岩夹层;在归林附近见同生褶皱、同生断层构成的"滑移层";结合从江乌叶地区的次级坳陷沉积(图3-2),反映从江一带可能发育同沉积断层及火山事件,且该断层导致了下江盆地的迅速并全面开启。钙质岩系从北西向南东逐渐增厚,钙质含量逐渐减少而砂泥质含量逐渐增多,显示了梵净山地区属于平静低能的沉积环境,到雷山—从江地区显示水体逐渐加深。

综上可见,甲路组的沉积过程大致可以分为3个阶段:①早期长期的夷平剥蚀与填平阶段,该时期主要是各种河流相沉积;②向北不断上超阶段,最终形成北部的滨海(混合潮坪)至浅海(图4-17);③晚期的海平面相对稳定、物源供应相对缺乏阶段,南部可能为半深海沉积。

(二)乌叶组的沉积古地理

乌叶组一段以板岩为主,自北西向南东砂岩、粉砂岩减少,泥岩增多;在台江和从江地区上部可见变质凝灰质及变质沉凝灰岩夹层。岩石颜色在梵净山地区以紫红色、灰紫色为主,从江一带则显示为灰绿色、灰色。全区以发育纹层—条带状水平层理为特征,其次为波纹层理,在从江和台江一带发育滑塌变形层理和角砾状构造。沉积厚度上台江和从江地区分别存在次级坳陷(图3-3)。岩性、颜色、沉积相及沉积厚度特征综合显示从梵净山地区向从江地区为滨海向浅海沉积环境变化,在台江和从江地区可能存在同沉积断层(图4-18)。

乌叶组二段以发育灰黑色、黑色碳质板岩、碳质千枚岩或含碳质粉砂质绢云母板岩为

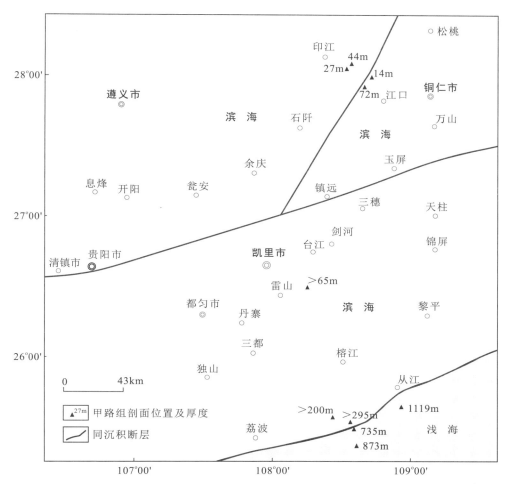

图 4-17　江南造山带西段(贵州段)下江群甲路组一段沉积晚期古地理略图
(据贵州省地质调查院,2014 和汪正江,2008 资料编制)

特征,局部层位偶夹变质沉凝灰岩,印江一带见变质砂岩,台江一带见变质硅质粉砂岩,从江和黎平一带见钙质透镜体。以发育清晰及隐约水平层理为特征。沉积厚度变化趋势与一段大致相似(图 3-3)。可以看出,乌叶组二段基本继承了一段的沉积古地理格局。

总体来看,乌叶组时期沉积物较细,整体表现为水体相对较深。乌叶组二段以出现碳质岩段为特征,常见大量黄铁矿晶粒,反映为缺氧事件的还原、滞留的深水沉积环境(胡宁和堪建国,1999)。地层厚度变化表现为:北西部的印江芙蓉坝厚 1245m,印江快场厚 1364m,向南东台江番召厚 835m,雷山雀鸟厚 1141m,继续向南东从江元洞厚 1251m,从江乌叶厚 1223m,从江归眼厚 687m,从江甲路厚 969m,从江高文厚 1273m,黎平洞村厚 1810m。可以看出梵净山东西两侧的沉积差异仍然较大,梵净山西侧沉积厚度 850~130m,明显小于梵净山东侧沉积厚度 1650m。汪正江(2008)认为存在 3 种可能的原因,笔者认为可能性最大的是沉积区距离秀山-镇远断层较近,该条断裂具有同沉积断裂性

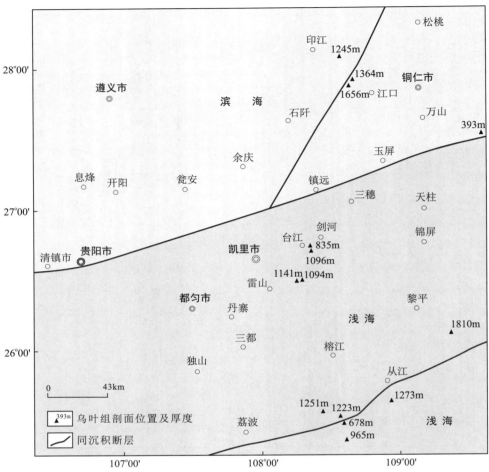

图 4-18 江南造山带西段（贵州段）下江群乌叶组一段沉积晚期古地理略图
（据贵州省地质调查院，2014 和汪正江，2008 资料编制）

质。本书的年代学数据不支持将该断层的活动制约乌叶时期的火山事件与合桐组顶部或三门街组火山事件进行对比。该断层向东北延伸可能与湖南省内的新元古代时期大庸-慈利同生断裂相连，表现为近东西向的控相断层（胡宁和堪建国，1999）。

(三)番召组的沉积古地理

番召组一段和二段的岩性非常相似。岩性为各类板岩与变质砂岩不定比互层，以板岩为主。底部局部见砾岩透镜体，还常见零星分布的草莓状黄铁矿粒，在北西部可见粉—细砂岩透镜体，在南东的从江地区见钙质结核或结晶灰岩透镜体。颜色以灰色、灰绿色为主，番召组二段在松桃-江口地层区表现为紫红色、灰紫色、灰绿色等杂色。沉积构造主要为浊流沉积的鲍马序列的 BCD 段或 DE 段。整体上番召组表现为深水沉积特征，自北西向南东可能属于浅海→半深海→深海沉积环境（图 4-19）。

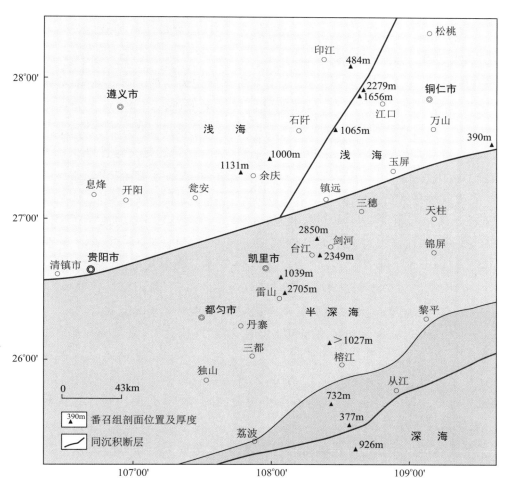

图 4-19 江南造山带西段(贵州段)下江群番召组沉积晚期古地理略图
(据贵州省地质调查院,2014 和汪正江,2008 资料编制)

番召组地层中局部可见滑塌-滑移变形层理,尤其是番召组二段在三穗、锦屏和雷山发育大量的滑塌-滑移变形层理,并伴有火山碎屑和钙质板岩沉积,显示番召组时期发育间歇式火山活动。

番召组地层厚度变化表现为:北西部的梵净山张家坝 484m 和印江快场 2279m,向南东,石阡龙洞 1039m、台江番召 2349m,继续向南东,从江加水 732m、从江元洞 377m。沉积中心显示在雷山—台江一带(图 3-4)。可以看出,梵净山两侧的沉积厚度差异明显,应该继续受秀山-镇远同沉积断层的控制。而三穗、锦屏和雷山地区处于贵阳-镇远-芷江同沉积断裂的南东侧,该断层在番召组沉积时期发生了剧烈的活动,形成了番召组现有的沉积格局(胡宁和堪建国,1999)。此外,在番召组沉积晚期,贵州梵净山张家坝和金竹坝地区以及湖南芷江一带均发育三角洲沉积,为多个进积沙体的快速叠加,每个旋回底部可见冲刷构造,内部发育变形层理,加之梵净山西侧的松桃-江口小区的沉积颜色表现为紫红色、灰紫色以及灰绿色等杂色,显示贵阳-镇远-芷江断裂以北西地区发生隆升。

(四)清水江组的沉积古地理

清水江组以发育大量的沉凝灰岩、含凝灰质碎屑岩为特征。沉凝灰岩、含凝灰质碎屑岩与碎屑岩呈不定比互层产出,在局部地区或层位主要以沉凝灰岩、含凝灰质碎屑岩为主,显示清水江组时期火山活动频繁而剧烈。清水江组的岩石颜色以灰绿色为主,可能是长期受火山作用的影响,古气候发生大规模缺氧事件,这可能是全球冰期事件开启的主导因素之一。清水江组的沉积中心较番召组沉积中心稍微南迁,在雷山—榕江—锦屏—剑河一带,沉积厚度最大可达 4100m。清水江组时期局部沉积厚度差异较大,表现的坳陷更为明显(图 3-5),可能是受到挤压作用导致的地层坳褶。这个时期区域性秀山-镇远断裂和贵阳-镇远-芷江断裂可能共同控制沉积古地理格局(汪正江,2008)。在贵阳-镇远-芷江断裂以北西的广大地区,沉积建造以碎屑岩与变质砂岩互层,局部变质砂岩较粗,沉积差异不明显,可能属于浅海沉积;在该断层以南东的三穗、凯里、雷山、都匀、锦屏、三都、榕江和从江等广大地区,清水江组岩石组合以凝灰质碎屑岩和沉凝灰岩为主,发育大量滑塌-滑移变形层理、同生角砾和微同沉积断层等,沉积厚度较大,显示为半深海至深海沉积(图 4-20)。

在桂北一带沉积的丹洲群中三门街组,表现为变质粉—细砂岩、各类板岩及沉凝灰岩或含凝灰质碎屑岩呈不定比互层,岩石中也发育滑塌-滑移变形层理。总体粒度较北西粗,显示为半深海沉积环境(杨菲等,2012)。

在湖南省内的板溪群的五强溪组表现为河流、三角洲平原和三角洲前缘的沉积环境,其间显示了多次海平面的剧烈变化,与下伏地层呈平行不整合接触,可能内部也存在假整合接触,总体来看该区的清水江组的水体显示不断变浅的特征,晚期可能主要为河流沉积环境(罗来等,2013)。

在重庆地区清水江组缺失(可能为剥蚀缺失),与上覆南华纪地层呈微角度不整合接触(汪正江,2008),表明清水江组时期发生了区域性挤压和地壳抬升事件,使得清水江组地层在北西地区发生微弱的褶皱变形,而南东的黔东南地区则表现为软沉积变形。这次事件是下江群盆地内部沉积-构造的重要转折事件,即在下江群盆地内部,早期盆地发生伸展-沉降作用,水体不断加深,应力状态来源于南东一侧的洋壳向扬子地块俯冲引起的弧后伸展;清水江组时期盆地的应力从拉张向挤压转变,地壳发生间歇式差异性隆升和地层的同沉积褶皱变形,水体整体逐渐变浅。下江群盆地物源供应区发生由以早期造山带物源为主向以下江群盆地早期地层提供物源为主的转变。

(五)平略组的沉积古地理

平略组岩性以各类板岩为特征,局部夹砂岩层或透镜体,岩石粒度或砂岩透镜体总体上由北北西向南南东,岩石粒度变细,变质砂岩夹层或透镜体变小,从江一带可见结晶灰

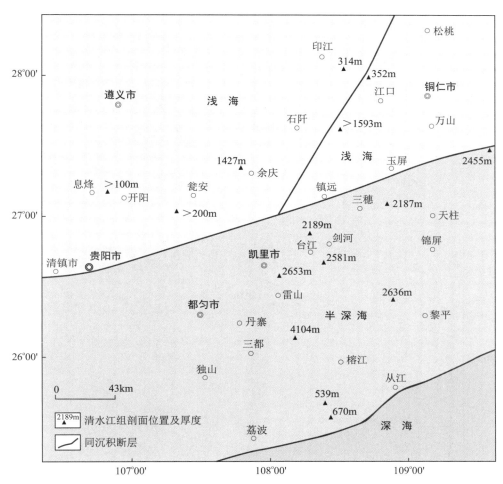

图 4-20 江南造山带西段(贵州段)下江群清水江组沉积晚期古地理略图
(据贵州省地质调查院,2014 和汪正江,2008 资料编制)

岩透镜体或结核。颜色以灰绿色、浅灰色为主。平略组的沉积构造主要以发育水平层理或波状纹层为特征,显示为静水-滞留沉积。整体表现为滨海—浅海—半深海的沉积环境(图 4-21)。平略组一段局部发育数套滑塌-滑移变形岩层,可能是下江群盆地持续挤压而发生间隙性构造活动所致。

区域调查资料显示,平略组时期的沉积中心位于榕江平永—锦屏平略一带(图 3-6)。在贵阳-镇远-芷江断层以北西零星出露于瓮安白岩、朵丁,镇远焦溪,岑巩小堡等地区;该断层以南东地区广泛出露。其厚度变化表现为:三穗排汪厚 187m,三穗翎娥至南明厚 1530m,天柱溪口厚 687m,锦屏甘子园厚 1301m,锦屏平略厚 1840m,台江五河厚 360m,剑河八桂河厚 1171m,丹寨九门寨 1208m,榕江平永 2002m,从江至桂北一带,厚度未列算,但明显可见次级坳陷存在(图 3-6)。

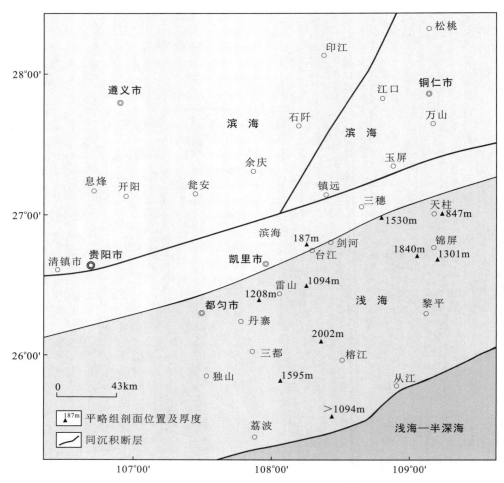

图4-21 江南造山带西段(贵州段)下江群平略组沉积晚期古地理略图
(据贵州省地质调查院,2014资料编制)

(六)隆里组的沉积古地理

在三穗、锦屏一带,隆里组的岩性为一套变质砂岩、砂质板岩互层。出现数套砾岩层、变质含砾石英砂岩、变质含砾长石石英砂岩、变质长石石英砂岩等,以变质石英细砂岩为主,砾石磨圆度较好,分选一般,砾石砾径较粗,砂岩粒度也较粗,砂岩的结构成熟度和成分成熟度均较高。发育大型交错层理、平行层理、水平层理、脉状和透镜状层理。显示为河控三角洲以及滨海相浅水沉积。向南东榕江一带,砾石仅见于底部。在从江—黎平—桂北一带岩性主要为各类板岩夹变质粉—细砂岩,发育水平层理、脉状层理、波状层理、透镜状层理、交错层理和平行层理等,显示为滨海沉积。

根据区域地质调查资料,隆里组仅出露于贵阳-镇远-芷江断层以南东地区。沉积厚度变化表现为:三穗排汪厚仅5m,三穗翎娥至南明厚660m,丹寨九门寨厚811m,锦屏甘子园厚 1565m,榕江平永厚度大于 2640m,三都安寨厚 1350m,在从江—黎平—桂北一带沉积厚度比榕江平永一带薄,但明显表现出次级坳陷的存在(图 3—6)。隆里组的沉积中心与平略组基本一致,位于榕江平永—锦屏甘子园一带,但隆里组的沉积范围明显缩小(图 4-22)。

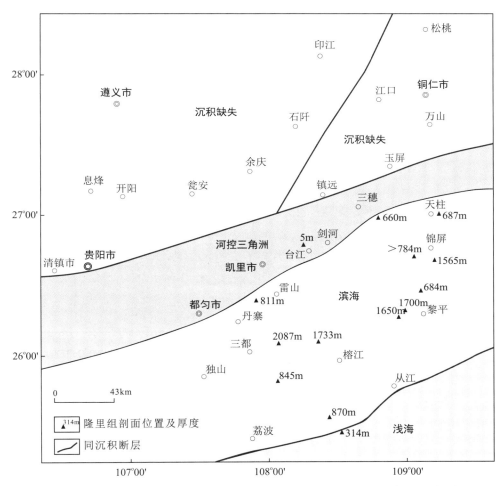

图 4-22 江南造山带西段(贵州段)下江群隆里组沉积晚期古地理略图
(据贵州省地质调查院,2014 和汪正江,2008 资料编制)

四、下江群的沉积演化

扬子地块与华夏地块发生了多次拼贴对接事件。大约在 870Ma,扬子地块与华夏地块发生了一次弧-陆俯冲作用,此次俯冲拼贴之后,江南造山带西段形成了新的四堡-梵净山弧,梵净山和四堡地区均处于弧后盆地位置。在 870～830Ma 期间沉积了梵净山和四堡群。而后伴随四堡-梵净山弧的消亡,扬子地块与华夏地块再次发生弧-陆俯冲作用,即武陵运动。武陵运动使得江南造山带发生大规模的褶皱造山作用，形成了江南褶皱带的雏形，也使得梵净山群和四堡群发生浅变质作用。武陵运动造山过程中形成了如广西三防岩体[(826±10)Ma]、广西本洞岩体[(819±9)Ma]、广西元宝山岩体[(824±4)Ma]、黔南摩天岭岩体[(825±2.4)Ma]、贵州从江刚边岩体[(823±12)Ma]、江西九岭岩体[(818Ma、(819±9)Ma]和皖南许村岩体[(823±8)Ma]等大量岩浆岩(Li X H，et al，2003；曾雯等，2005；陈文西等，2007)。同时，它导致了江南造山带北西高南东低，具多处次级坳陷的古地理格局。武陵运动之后，江南造山带西段的广西龙胜—湖南古丈地区发育了新的岛弧带。下江群是在这样的古地貌格架下的弧后盆地环境中沉积的。

下江群及相当层位地层中普遍发育大量火山岩、火山凝灰岩、沉凝灰岩或含凝灰质碎屑岩夹层，是构造-岩浆事件的盆地沉积响应，制约着盆地演化。下江群碎屑岩样品中小于900Ma的年龄($n=300$)(图3-8b)和江南造山带地区新元古代的岩浆岩年龄($n=117$)的直方图(图3-8a)显示了825~820Ma(Ⅰ)、815~805Ma(Ⅱ)、800~795Ma(Ⅲ)、775~770Ma(Ⅳ)4个年龄段和760Ma(Ⅴ)、745Ma(Ⅵ)2个年龄峰值，代表了6期主要岩浆事件。①825~820Ma代表武陵造山运动；②815~805Ma年龄段代表下江盆地内部的初次岩浆事件，而甲路组一段含凝灰质或沉凝灰岩地层是盆地沉积的物质记录；③800~795Ma是盆地内第二次岩浆事件，乌叶组和番召组的火山物质是盆地沉积响应；④775~770Ma年龄段和760Ma、745Ma年龄峰值代表下江群盆地发生较为强烈的构造-岩浆作用，沉积响应表现为清水江组的大量凝灰质和沉凝灰岩，可能是下江群盆地发生了构造转换。

依据下江群的沉积特征和地层中火山物质的约束，将下江群的沉积演化划分为如下几个阶段(图4-23)。

（一）长期剥蚀夷平和填平阶段(图4-23a)

武陵造山及造山后垮塌的系列构造事件形成了北西高南东低及次级坳陷的古地貌格局，之后江南造山带西段（贵州段）长期处于剥蚀夷平和填平阶段，沉积了甲路组一段下部的河流相砾岩、含砾砂岩和上部的砂泥质岩石。不同区位的砾石层在物质组成、成分成熟度和结构成熟度、分选磨圆和砾径大小等方面均不尽相同，砾岩层厚薄不均且极不稳定，底砾岩沉积建造从北北西梵净山地区向南南东从江地区存在规律性变化，这些信息反映了沉积基底存在高低起伏差异，处于剥蚀夷平阶段。另外，甲路组底部底砾岩及底砾岩中部均发现有凝灰质粘土质岩及火山岩，显示当时沉积环境应该处于活动大陆环境。甲路组一段上部的滨海相的砂泥质建造，北西沉积厚度明显薄而南东厚度较大，具有向北上超的特征，显示盆地迅速并全面接受沉积，处于填平阶段。

（二）盆地初始伸展阶段(图4-23b)

甲路组二段的钙质岩系已经遍及全区，是盆地迅速而全面形成后平静期的沉积响应，反映了江南造山带西段（贵州段）海平面已经迅速覆盖全区，属于浅水碳酸盐缓坡沉积。

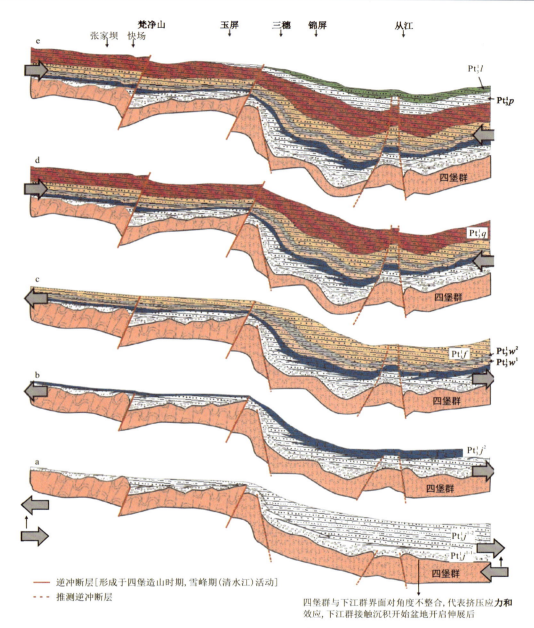

图 4-23 江南造山带西段(贵州段)新元古代下江期(群)的沉积演化示意图
a.长期剥蚀夷平和填平阶段;b.盆地初始伸展阶段;c.盆地持续伸展阶段;
d.盆地差异性隆升阶段;e.盆地萎缩和快速消亡阶段

$Pt_3^1 j^{1-1}$.甲路组一段砾岩、含砾砂岩;$Pt_3^1 j^{1-2}$.甲路组一段上部粉砂岩;$Pt_3^1 j^2$.甲路组二段钙质岩系;$Pt_3^1 w^1$.乌叶组一段各类板岩,夹粉—细砂岩;$Pt_3^1 w^2$.乌叶组二段含碳质页岩;$Pt_3^1 f$.番召组板岩类,夹粉—细砂岩;$Pt_3^1 q$.清水江组各类板岩、含凝灰质岩类、沉凝灰岩、变余砂岩;$Pt_3^1 p$.平略组板岩类,夹粉—细砂岩;$Pt_3^1 l$.隆里组砂岩、粉砂质板岩、板岩钙质岩系中见数层火山岩夹层,应该是盆地迅速而全面开启的物质记录。沉积格局虽具"台(滨海带)—坡—盆"雏形,但是由于盆地开启过快,导致物源供应长期不足而发生饥饿沉积事件,沉积的钙质岩系未反映出"相区"上的沉积差异。盆地可能的开启机制为:在下江群盆地外部华夏地块与扬子地块发生洋-陆俯冲作用,外围应力场为域性挤压作用,而盆地内部则处于挤压应力下的局部伸展状态。

(三)盆地持续伸展阶段(图4-23c)

乌叶组一段进入滨海—浅海沉积。大致以石阡—松桃一线为界,靠近北西梵净山一带下部沉积了一套滨海相的灰绿色变质砂岩、粉砂岩、砂质板岩;上部为一套紫红色、灰绿色板岩和砂质板岩,颜色具韵律变化,可能反映了潮湿与干旱气候的更迭。上部发育滑塌-滑移变形层理,显示乌叶组一段晚期沉积区沉积环境具有一定坡度。而向海洋的一侧,乌叶组下部沉积了一套碳质泥岩、粉砂质泥岩,具水平层理;上部沉积了中—厚层状粉砂岩、粉—细砂岩,局部见砂岩透镜体,发育交错层理,显示甲路组沉积之后沉积区的地壳继续下沉,结束碳酸盐岩缓坡沉积而进入滨海—浅海相沉积。至贵州从江和桂北一带进入浅海沉积环境。

乌叶组二段沉积了一套巨厚的黑色碳质页岩、碳质板岩和粉砂质板岩建造,岩石中普遍发育水平层理,可见黄铁矿,反映相对深水的还原环境下的低密度流沉积,是地壳继续下沉的结果。

番召组一段沉积了一套以各类板岩与变质粉—细砂岩、变质砂岩不定比互层的岩石建造。盆地北西靠近陆地一带以变质长石石英砂岩、变质粉—细砂岩为主,夹各类板岩的岩石组合。局部地区的局部层位岩石组合以石英砂岩为主,它们的成分成熟度、结构成熟度均较高,可见大型交错层理发育,表现为水下三角洲沉积环境。而靠近海的地区(尤其是从江一带)以各类板岩为主,夹变质粉砂岩、变质粉—细砂岩的岩石组合,岩石中主要以水平层理为主,也发育滑塌-滑移变形层理,显示为浅海—半深海甚至深海沉积环境。番召组一段盆地进一步发生差异演化,北部靠陆地区缓慢抬升,南东一侧盆地继续沉降,表现出明显的"台(滨海)—坡—盆"沉积格架,物源供应充足。

番召组二段岩性与一段相似,差异是在番召组一段地层中明显夹变质砂岩、变质粉—细砂岩,而二段地层以夹凝灰质类岩石为特征。番召组二段的背景沉积中也以发育水平层理为特征,但同时较番召组一段更为发育滑塌-滑移变形岩层,表现出二段较一段时期的沉积环境活动性更强。火山活动等构造事件时有发生,盆地差异性演化进一步加剧,可能番召组二段没有番召组一段物源供应丰富,其沉积物粒度稍具变细的趋势。番召组二段的沉积环境与一段基本相似。该时期下江群的应力机制未发生变化。

(四)盆地挤压"褶皱"和差异性隆升阶段(图4-23d)

清水江组以发育大量凝灰质岩石和沉凝灰岩为特色,凝灰质岩石分布范围广、层位多、凝灰质含量高,显示清水江组时期构造活动非常频繁且剧烈。在西北靠陆地一侧变质砂岩夹层或透镜体、砂体较多,凝灰质类岩石与变质砂岩类岩石形成各种形式或不定比交替互层,形成了韵律式沉积旋回,层序常见冲刷面,显示突变接触特征,层序间为渐变过渡关系。沉积作用以浊积岩和"滑积岩"互层为特征,浊积岩既有近源,也有远源。在靠海的从江等地,岩石粒度变细,变质砂岩减少,沉积作用以远源浊流沉积为主,岩石中仍然发育大量凝灰质。这些信息反映了清水江组时期盆地发生挤压褶皱和差异性隆升,盆地的构造应力发生了由拉伸向挤压的转换,导致物源区发生了变化,表现为:①清水江组中大量发育弯曲变形、形态多样、类型复杂的细密"马尾丝状"纹层和滑移变形构造;②盆地范围经过清水江时期以后明显缩小(图4-23);③下江群盆地内碎屑岩年龄谱显示清水江组以后沉积盆地源区发生改变,清水江组及之前地层的物源区以梵净山群、四堡群地层及相当层位分布区和盆地内部岛弧火山物源区为主,清水江组之后地层以下江群沉积盆地早期沉积物的内部物源区为主,盆地内部火山物源也明显减少;④区域上广泛存在775～745Ma的岩浆岩年龄(图3-8a)。

清水江组独有的沉积现象显示区域构造-岩浆活动较为强烈,它的动力学机制是华夏地块和扬子地块开始发生弧—陆俯冲汇聚作用(广西龙胜—湖南古丈地区火山弧向扬子地块拼贴)。构造岩浆事件导致清水江组时期海平面频繁变化,且变化幅度较大,总体海平面变浅,局部基底下凹,海水变深。清水江组沉积晚期至结束时,位于北西的梵净山一带已经隆升成陆。

(五)盆地萎缩和快速消亡阶段(图4-23e)

经清水江期沉积之后,平略组范围急剧缩小,在贵阳-镇远-芷江断层以北西地区仅零星分布平略组地层,可能为滨海沉积环境。而在距离该断层南东不远的三穗—台江一带,平略组厚度出现突变趋势,南东沉积厚度急剧变厚,表现为浅海沉积环境,可能是受贵阳-镇江-芷江同沉积控相断层的影响。平略组岩性以各类板岩为主,时夹各类变质粉—细砂岩,下部时夹变质沉凝灰岩或凝灰质岩石。平略组的沉积构造现象以发育清晰、细密而平直或宽缓而平直的水平层理为特征,岩石颜色以灰绿色为主,显示为静水沉积环境。下部发育凝灰质岩石和滑移变形,是清水江组时期火山活动延续并逐渐减弱的体现。反映平略组早期发生了沉降范围和幅度均较小的差异性沉降,在主体继承清水江组的沉积格架的基础上,水体不断变浅。

隆里组时期,沉积盆地进一步收缩,仅出露于贵阳-镇远-芷江断层以南东地区。靠陆的三穗—台江一带显示为河控三角洲沉积环境,而向南一带过渡为滨海沉积环境,至从江—桂北一带出现浅海环境。单个沉积旋回既有向上变细也见向上变粗,多个沉积旋回显示为自下而上逐渐变厚、变粗的特点。具体表现为从下至上粒度逐渐变粗,旋回厚度逐渐增大,上部砾、砂的含量也不断增多。在三穗、天柱、锦屏等地,隆里组地层中可见水道滞留砾岩夹层或透镜体以及滑移变形构造,是快速进积作用的体现,显示下江群沉积盆地的沉积充填作用趋于结束。

直至全球冰期的发育,下江群沉积盆地最终消亡。

第五章 下江群的沉积盆地性质及演化

一、样品信息

(一)样品信息

本书挑选锆石的主要样品信息见表 3-1,其余样品信息见表 5-1,同时对这些样品做了全岩地球化学和砂岩碎屑颗粒组成统计。其他部分全岩地球化学和砂岩碎屑颗粒组成统计样品信息分布见表 5-2 和表 5-3。

表 5-1 其他 LA-ICP-MS 锆石 U-Pb 年代学实验样品信息

序号	编号	岩性	地层	地理位置	地理坐标
1	XjLl-3	碎屑岩	隆里组中下部	锦屏大同—同古	E109°21′25″,N26°33′49″
2	XjPl-1	碎屑岩	平略组中下部	锦屏大同—同古	E109°16′58″,N26°37′42″
3	XjQsj-1	碎屑岩	清水江组下部	锦屏平秋	X:19305343,Y:2952393
4	CjXjFz-1	碎屑岩	番召组一段底部	从江平正	E108°43′23″,N25°42′55″
5	CjXjJl-1	含砾砂岩	甲路组底部	从江平正	E108°40′35″,N25°39′03″

表 5-2 其他部分全岩地球化学分析样品

地层单元			剖面名称/样号	地层代号	样品数(件)	采样地点
新元古界	下江群	番召组	PM001	Pt_3^1Xf	4	锦屏
		清水江组	130426-1、130425-1/2a/3/4	Pt_3^1Xq	5	
		平略组	130425	Pt_3^1Xp	6	剑河
		隆里组	PM028、PM019	Pt_3^1Xl	4	
			PM024		24	锦屏

表 5-3 部分砂岩碎屑颗粒组分统计样品

地层单元		剖面名称/样号	地层代号	样品数(件)	采样地点
新元古界	下江群				
		甲路组 15Cjj13、15Cjj14、15Cjj16、15Cjj17、CjXjJl3	Pt_3^1Xj	5	从江
		乌叶组 15Cjw03、15Cjw04、15Cjw05	Pt_3^1Xw	3	
		番召组 15Cjf01、15Cjf06、15Cjf07、15Cjf08	Pt_3^1Xf	4	
		清水江组 XjQsj1、PM005	Pt_3^1Xq	18	
		平略组 PM017、XjPl-1、XjPl-2、15JPp22	Pt_3^1Xp	4	锦屏
		隆里组 PM017、PM024、XjLl-2、XjLl-3、XjLl-17、15JPl25、15JPl26a、15JPl26b	Pt_3^1Xl	32	

(二)数据结果

1. 砂岩碎屑颗粒组成

本书选择下江群各组地层中的细粒级以上的砂岩,个别粉砂岩做砂岩碎屑颗粒组成统计分析(图 5-1)。砂岩整体分选磨圆较差—中等,少数分选磨圆较好;含较多的岩屑和长石颗粒以及凝灰质杂基;部分发生硅化、绢云母化和泥化的浅变质作用;可见云母类、锆石、电气石、方解石、辉石、褐铁矿、绿泥石、绿帘石等副矿物(图 5-2)。长石风化蚀变明显。火山灰已脱玻硅化,少数呈晶屑。玻屑为霏细状和隐晶的硅质、鳞片状绢云母及绿泥石,仍然保存着如"鸡骨""飞鸟"和"撕裂"等多种奇特的碎屑形态(图 5-2l)。晶屑有石英、长石及黑云母。

甲路组砂岩磨圆分选较差—中等,含有圆状—棱角状颗粒。主要组分石英总量占比 39.3%~89.3%,其中,单晶石英占比 28.7%~64.9%,多晶石英占比 10.1%~24.5%;长石总量占比 4.3%~27.0%,其中,斜长石类占比 3.2%~27.0%,碱性长石类占比 1.1%~8.5%;岩屑总量占比 6.4%~36.2%,其中,沉积岩屑+变质岩屑占比 5.3%~21.1%,火山岩屑占比 1.1%~16.0%。变质岩屑多数为浅变质的板岩岩屑,本书做沉积岩屑合并处理,可能导致沉积岩屑含量稍有增加。另外,由于样品发生浅变质作用,存在一定硅化作用,可能会影响石英含量的统计。笔者认为上述因素对结果的影响是可预见的。

乌叶组砂岩磨圆分选差—较差,部分分选磨圆中等。主要组分石英总量占比 37.9%~80.2%,其中,单晶石英占比 31.0%~56.3%,多晶石英占比 6.9%~24.0%;斜长石类总量占比 2.1%~12.4%,未鉴定出碱性长石;岩屑总量占比 17.7%~36.8%,其中,沉积岩屑+变质岩屑占比 16.7%~28.1%,火山岩屑占比 1.0%~16.1%。

番召组砂岩磨圆分选较差—中等,部分含圆—次圆状颗粒。主要组分石英总量占比

图 5-1 砂岩碎屑颗粒组成样品野外露头特征

a. 甲路组底砾岩；b. 乌叶组变质细砂岩及交错层理；c. 番召组变质细粒长石岩屑砂岩；d. 清水江组底部变质细粒长石岩屑砂岩；e. 平略组粉砂质板岩及水平层理；f. 隆里组变质细粒长石岩屑砂岩及交错层理

32.6%~84.0%，其中，单晶石英占比27.9%~72.8%，多晶石英占比3.3%~23.6%；长石总量占比11.1%~32.6%，其中，斜长石类占比11.1%~20.6%，碱性长石占比3.4%~12.0%；岩屑总量占比4.9%~45.3%，其中，沉积岩屑+变质岩屑占比3.7%~

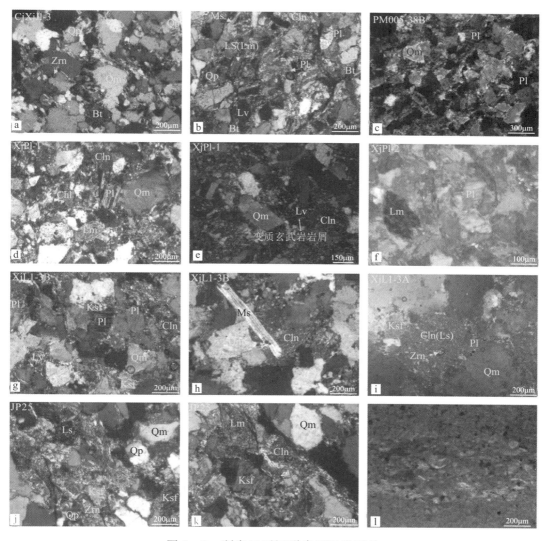

图 5-2 研究区下江群岩石显微照片

a. 来自下江群甲路组；b. 来自下江群乌叶组；c、l. 来自下江群清水江组；d、e、f. 来自下江群平略组；g、h、i、j、k. 来自下江群隆里组。Qm. 单晶石英；Qp. 多晶石英；Cln. 燧石；Ls. 沉积岩屑；Lv. 火山岩屑；Lm. 沉积变质岩屑；Pl. 斜长石；Ksf. 钾长石（碱性长石类）；Bt. 黑云母；Ms. 白云母；Zrn. 锆石

36%，火山岩屑占比 1.1%～15.2%。

清水江组砂岩磨圆分选较差—中等，部分含圆—次圆状颗粒。主要组分石英总量占比 7.7%～71.1%，其中，单晶石英占比 5.5%～53.4%，多晶石英占比 2.1%～17.1%；长石总量占比 3.8%～27.7%，其中，碱性长石占比 3.9%（仅 1 个样品鉴定了碱性长石，其余未见）；岩屑总量占比 18.4%～78.6%，其中，沉积岩屑＋变质岩屑占比 4.4%～73.1%，火山岩屑占比 0～65.9%。

平略组砂岩磨圆分选较差—中等,部分含圆—次圆状颗粒。主要组分石英总量占比 36.2%～67.4%,其中,单晶石英占比 21.7%～44.8%,多晶石英占比 8.3%～23.6%;长石总量占比 7.2%～34.3%,其中,斜长石类占比 7.2%～18.2%,碱性长石占比 3.1%～16.2%;岩屑总量占比 14.6%～56.5%,其中,沉积岩屑+变质岩屑占比 12.4%～50.7%,火山岩屑占比 2.1%～5.8%。

隆里组砂岩磨圆分选较差—中等,部分含圆—次圆状颗粒。主要组分石英总量占比 40.7%～84.2%,其中,单晶石英占比 24.1%～78.9%,多晶石英占比 5.3%～38.6%;长石总量占比 2.1%～24.4%,其中,斜长石类占比 2.1%～18.6%,碱性长石占比 3.1%～8.6%;岩屑总量占比 12.9%～47.7%,其中,沉积岩屑+变质岩屑占比 11.1%～47.1%,火山岩屑占比 0～14.4%。

2. 碎屑沉积岩地球化学

下江群中自下而上甲路-番召组→清水江组→平略组→隆里组的碎屑岩主量元素组成具有如下特征(表 5-4)。

表 5-4 研究区下江群碎屑岩的主量元素组成特征统计表

参数	甲路-番召组			清水江组			平略组			隆里组		
	最小值	最大值	平均值	最小值	最大值	平均值	最小值	最大值	平均值	最小值	最大值	平均值
SiO_2/%	62.8	87.4	**71.9**	51.3	86.5	**72.8**	65.7	75.8	**70.2**	61.9	92.4	**69.3**
TiO_2/%	0.28	0.77	**0.48**	0.12	0.74	**0.43**	0.45	0.70	**0.58**	0.10	0.93	**0.47**
Al_2O_3/%	5.57	17.9	**12.3**	7.41	30.33	**14.5**	11.75	18.33	**15.38**	3.18	20.24	**15.09**
K_2O/%	0.92	4.26	**2.43**	2.69	8.97	**2.74**	0.81	4.14	**2.87**	0.26	4.12	**2.65**
Na_2O/%	0.05	3.6	**1.52**	0.17	5.97	**2.75**	0.69	4.36	**2.35**	0.12	4.45	**1.38**
(K_2O+Na_2O)/%	1.33	5.52	**3.95**	2.86	9.04	**5.49**	4.18	5.94	**5.14**	0.47	6.60	**3.99**
TFeO/%	2.73	7.44	**4.57**	0.25	6.11	**1.95**	1.38	5.68	**2.98**	1.22	7.32	**4.72**
(TFeO+MgO)/%	3.53	9.26	**5.78**	0.29	7.89	**2.44**	2.36	7.23	**3.81**	1.98	8.85	**6.00**
Al_2O_3/SiO_2	0.06	0.29	**0.17**	0.09	0.59	**0.22**	0.16	0.28	**0.22**	0.03	0.31	**0.22**
K_2O/Na_2O	0.26	3.49	**1.69**	0.02	5.29	**1.39**	0.19	5.01	**1.80**	0.21	10.27	**2.87**
K_2O/Al_2O_3	0.08	0.26	**0.20**	0.01	0.30	**0.16**	0.07	0.25	**0.18**	0.08	0.26	**0.17**
Al_2O_3/TiO_2	17.4	42.1	**26.4**	18.5	75.0	**40.0**	19.6	30.4	**26.9**	16.9	51.0	**34.2**
$Al_2O_3/(CaO+NaO)$	2.82	13.16	**7.80**	1.35	31.0	**5.89**	2.37	17.87	**8.08**	2.73	17.24	**9.15**
CIA	53.8	76.2	**66.3**	46.0	73.8	**57.6**	50.8	68.2	**62.4**	50.3	81.2	**69.1**
ICV	0.72	1.25	**1.01**	0.47	1.09	**0.83**	0.64	1.22	**0.81**	0.53	1.41	**0.85**

(1) SiO_2 的平均含量相对较高,分别为 71.9% → 72.8% → 70.2% → 69.3%,相当于花岗闪长岩类。隆里组的 SiO_2 平均含量虽然最小,但分布范围最宽。

(2) TiO_2 的平均含量相对较低,分别为 0.48% → 0.43% → 0.58% → 0.47%。

(3) Al_2O_3、K_2O、Na_2O 和 TFeO 的平均含量均相对较低。

(4) 全碱($K_2O + Na_2O$)的平均含量分别为 3.95% → 5.49% → 5.14% → 3.99%,虽然平均值相差不大,但清水江组的变化范围最大,极高值较多,可能是清水江组时期凝灰质成分较多的缘故。

(5) TFeO+MgO 的平均含量相对较小,分别为 5.78% → 2.44% → 3.81% → 6.00%,代表基性(铁镁质)组分少。

(6) Al_2O_3/SiO_2 比值反映沉积岩的成熟度,研究区样品中平均比值为 5.25,比值大部分在 3~7 之间变化,反映这些样品成熟度相近。

(7) K_2O/Na_2O 的比值分别为 1.69 → 1.39 → 1.80 → 2.87,表明富含石英组分,另外,其变化范围较大且部分样品的 Na_2O 含量较低,推测可能与风化淋滤作用使得钠发生丢失有关。

(8) $Al_2O_3/(CaO + Na_2O)$ 的比值较高,一般大于 2,平均值大于 5。

(9) XjQsj-1 的样品中 P_2O_5 的含量非常高,可能是受有机生物元素的影响,此类具异常极值的特征数据不能用于判别环境。

(10) 样品中 $Al_2O_3 - K_2O$ 和 $Al_2O_3 - TiO_2$ 之间具有明显的正相关性(图 5-3、图 5-4),表明细粒岩一般具有较高的 Al_2O_3 含量(图 5-3)。

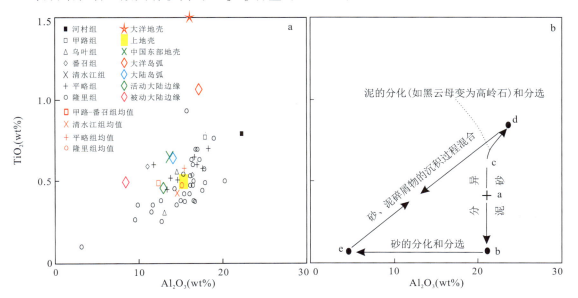

图 5-3 研究区下江群中的 $Al_2O_3 - TiO_2$ 图解(a)和 $Al_2O_3 - TiO_2$ 模式图解(b)

图解 b 显示沉积物形成过程所经历的风化、分选和混合作用(Young and Nesbitt,1998);大洋地壳和上地壳数据转引自韩吟文和马振东,2003;其他构造环境判别数据引自 Bhatia and Crook,1986

样品中的 TiO_2、$TFeO$、MgO、P_2O_5 与 SiO_2 呈反比关系(图 5-4),表明随着成分成熟度的增高,不稳定的长石、岩屑等组分含量逐渐降低,而 CaO 和 Na_2O 与 SiO_2 不具相关性(图 5-4),显示影响 CaO 和 Na_2O 的主要因素可能不是样品的成熟度,而是其他因素。P_2O_5 与 CaO 之间无明显的线性关系(图 5-4),说明 Ca 主要赋存于碳酸盐中,对应于灰岩岩屑和方解石胶结物。

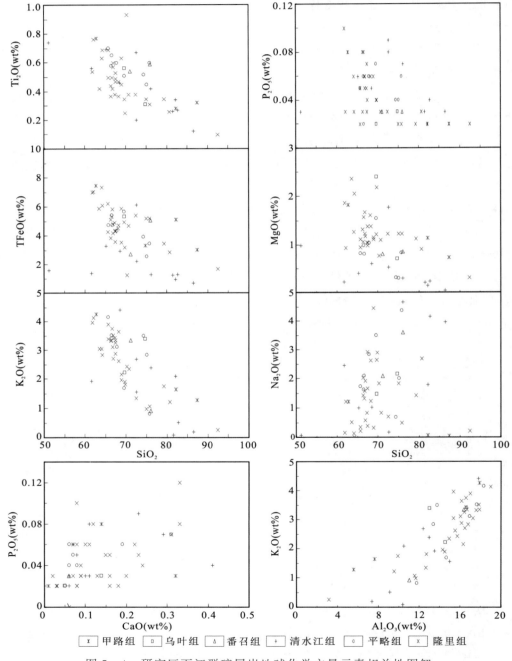

图 5-4 研究区下江群碎屑岩地球化学主量元素相关性图解

样品的风化程度、矿物分选和变质作用等是影响岩石主量元素组成的主要因素,尤其是对活动性较大的元素的影响更为强烈(Nesbitt and Young,1989)。而化学风化指数(CIA)通常用来描述源区的风化程度(Nesbitt and Young,1982),计算公式为 CIA=$[Al_2O_3/(Al_2O_3+CaO*+Na_2O+K_2O)]\times100$(Fedo et al,1995),公式中所有含量均为摩尔含量,CaO*是根据 Mclennan(1993)校正的硅酸盐中的 Ca。研究样品中甲路-番召组、清水江组、平略组和隆里组的平均 CIA 值分别为 66.3、57.6、62.4 和 69.1,显示经历了中—弱的风化程度,因此,研究样品的地球化学特征能反映沉积岩的大地构造背景。

A-CN-K[Al_2O_3-($CaO*+Na_2O$)-K_2O]摩尔图解也可以反映源区的化学风化强度,研究样品的 A-CN-K 图解(图 5-5)反映了样品主要是斜长石向伊利石、绢云母等黏土矿物的转化。ICV[$ICV=(Fe_2O_3+K_2O+Na_2O+CaO+MgO+MnO+TiO_2)/Al_2O_3$]值可以用于岩石或矿物中铝相对于其他主阳离子的富集程度,是细粒碎屑沉积物成分成熟度的反映(Cox et al,1995)。ICA 值接近 1 时表明为初次分选沉积。下江群的研究样品中甲路-番召组、清水江组、平略组和隆里组的 ICV 平均值分别为 1.01、0.83、

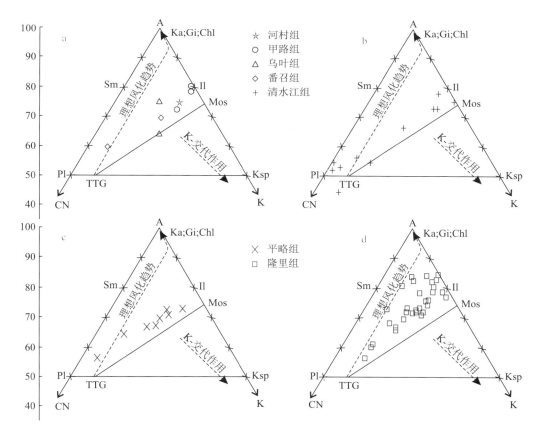

图 5-5　研究区下江群样品的 A-CN-K[摩尔数组成 Al_2O_3-($CaO*+Na_2O$)-K_2O]投图
底图据 Nesbitt and Young,1982。Pl. 斜长石;Ksp. 钾长石;Sm. 绢云母;Mos. 白云母;Il. 伊利石;
Ka. 高岭石;Gi. 三水铝石;Chl. 绿泥石

0.81 和 0.85。

微量元素图解 Zr/Sc-Th/Sc 和 Th-Th/U 能反映风化趋势和沉积再循环,下江群碎屑岩研究样品的 Zr/Sc-Th/Sc(图 5-6a)和 Th-Th/U(图 5-6b)投图点比较集中,甲路组、乌叶组、番召组和平略组相对最集中,清水江组和隆里组相对分散,总体反映出样品具有明显的风化趋势,前 4 者具有微弱的再循环物质的参与。清水江组可分为两个部分,一部分是以反映风化趋势为主,另一部分是反映沉积再循环物质参与,这与清水江组同时发育凝灰岩、凝灰质物质和砂岩的岩石特征吻合。隆里组投点分散反映沉积再循环物质的增多,应该是构造背景变化的体现。而 Nb-Ti/Nb 图解(图 5-6c)和 La/Sc-Co/Th 图解(图 5-6d)投图具有相似的效果。在 Nb-Ti/Nb 图解中也反映出基性物质的混合参与过程。而样品在 La/Sc-Co/Th 图解上主要集中于大陆岛弧和活动大陆边缘区域。

稀土元素组成特征统计见表 5-5。稀土元素 La 平均含量大于 $30×10^{-6}$,Ce 平均含量大于 $55×10^{-6}$,ΣREE 变化范围在 $(68.5～407.8)×10^{-6}$ 之间,平均值在(138.4～

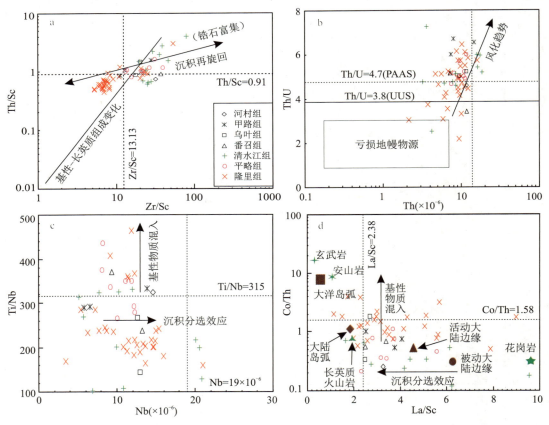

图 5-6 研究区下江群碎屑岩的 Zr/Sc-Th/Sc、Th-Th/U、Nb-Ti/Nb 和 La/Sc-Co/Th 图解
a 和 b 底图引自 Mclennan,1993;c 和 d 底图引自杨江海,2012;各图中的虚线代表 UCC 的对应值,b 图中标出了 PAAS 的对应值以及 d 图中火山岩数据引自杨江海,2012;各种构造环境数据引自 Bhatia and Crook,1986

221.5)$\times 10^{-6}$ 之间,显示稀土总量含量较低,但变化范围较大,尤其是隆里组稀土总量变化大。

表 5-5 研究区下江群碎屑岩的微量元素组成特征统计表

参数	甲路-番召组			清水江组			平略组			隆里组		
	最小值	最大值	平均值	最小值	最大值	平均值	最小值	最大值	平均值	最小值	最大值	平均值
La/$\times 10^{-6}$	19.9	42.5	**30.1**	12.1	51.9	**32.1**	19.5	41.6	**30.9**	17.5	81.5	**41.0**
Ce/$\times 10^{-6}$	36.9	83.0	**55.2**	25.1	113.0	**66.4**	45.1	85.7	**64.9**	41.0	93.5	**59.7**
ΣREE/$\times 10^{-6}$	89.1	196.6	**138.4**	68.5	259.0	**155.5**	109.8	211.0	**155.5**	75.7	407.8	**221.5**
LREE/HREE	4.77	8.72	**7.20**	4.58	9.28	**6.70**	6.51	8.60	**7.62**	4.59	13.19	**7.54**
(La/Yb)$_N$	4.14	11.40	**8.24**	3.19	8.82	**6.13**	5.67	9.57	**7.50**	4.44	25.23	**9.79**
(La/Sm)$_N$	2.48	4.42	**3.61**	2.42	4.87	**3.39**	2.89	4.39	**3.81**	2.59	6.02	**3.90**
(Gd/Lu)$_N$	1.18	2.22	**1.64**	1.01	1.66	**1.36**	1.20	1.80	**1.58**	0.64	4.24	**1.56**
δEu	0.49	0.68	**0.61**	0.49	0.86	**0.61**	0.63	0.84	**0.68**	0.60	0.96	**0.73**
δCe	0.73	1.03	**0.92**	0.66	2.35	**1.07**	0.87	1.26	**1.01**	0.08	1.99	**0.64**
Th/U	3.39	6.7	**5.10**	2.50	7.27	**5.20**	2.71	5.98	**4.36**	2.16	6.46	**4.57**
La/Sc	2.49	4.06	**3.25**	1.61	12.74	**5.53**	2.32	5.57	**3.44**	1.47	8.97	**3.74**
Th/Sc	0.43	1.61	**0.94**	0.56	3.94	**1.41**	0.24	1.62	**0.84**	0.39	3.04	**0.75**
Ti/Zr	11.37	52.47	**25.94**	6.44	52.93	**19.29**	13.15	44.16	**28.58**	12.48	40.15	**26.68**
Zr/Hf	33.00	40.81	**36.66**	26.01	48.51	**34.98**	5.45	40.00	**24.59**	39.27	39.48	**38.29**
Zr/Th	12.12	41.43	**19.97**	13.31	42.13	**26.15**	13.28	34.29	**20.65**	17.67	27.45	**23.11**
Zr/Y	5.48	14.45	**8.27**	3.66	14.15	**6.91**	4.79	12.49	**7.75**	4.95	13.30	**8.90**
Ni/Co	1.50	3.50	**2.50**	1.00	12.34	**3.54**	1.67	4.77	**2.56**	0.19	2.50	**1.20**
Rr/Sr	0.27	9.38	**2.75**	0.02	8.16	**2.32**	0.22	6.71	**1.87**	0.29	8.20	**1.36**
Ba/Sr	2.16	27.93	**14.78**	0.49	41.60	**11.85**	1.48	37.73	**15.57**	2.59	45.82	**13.45**
Cr/Zr	0.12	0.64	**0.32**	0.05	0.24	**0.14**	0.14	0.19	**0.17**	0.11	0.83	**0.44**

LREE/HREE 比值变化范围在 4.59~13.19 之间,平均值在 6.70~7.62 之间;而 (La/Yb)$_N$ 比值变化相对较大,可能与 La 元素含量变化有关,反映轻稀土亏损;轻稀土配分 (La/Sm)$_N$ 的比值在 2.42~6.02 之间,平均值在 3.39~3.90 之间,表示轻稀土发生了明显的分异。重稀土配分 (Gd/Lu)$_N$ 的比值平均值在 1.36~1.64 之间,表明重稀土的分异不明显。

而 δEu 具有中等异常,平均值在 0.61~0.63 之间。δCe 的变化范围相对较大,平均值在 0.64～1.07 之间，其中，清水江组和平略组的 δCe 表现正常或微弱正异常，而甲路组至番召组的 δCe 表现为弱的负异常，隆里组的 δCe 具有较大的变化值并且平均值表现为中等负异常。

稀土配分模式图解（图 5-7）与活动大陆边缘比较，显示具有良好的相似性，仅重稀土整体小幅抬升，δEu 负异常更为明显；与大陆岛弧配分模式比较，配分曲线整体上扬，δEu 负异常特别明显而大陆岛弧未显示异常；与被动大陆边缘比较，二者的配分模式几经交织，尤其是重稀土配分模式具有明显的差别，仅 δEu 负异常表现一致；而与大洋岛弧配分模式差别明显。

微量元素（表 5-5）所示甲路-番召组、清水江组、平略组和隆里组中 Th/U 平均值分别为 5.10、5.20、4.36 和 4.57；La/Sc 比值平均值分别为 3.25、5.35、3.44 和 3.74；Th/Sc 比值平均值分别为 0.94、1.41、0.84 和 0.75；Ti/Zr 比值平均值分别为 25.94、19.29、28.58 和 26.68；Zr/Hf 比值平均值分别为 36.66、34.98、24.59 和 38.29；Zr/Th 比值平均

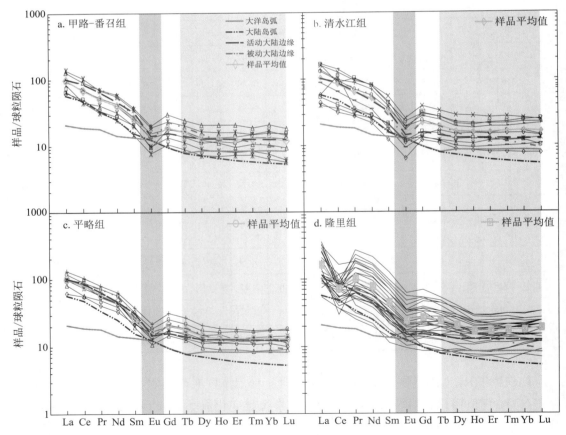

图 5-7 研究区下江群碎屑岩稀土元素配分模式图

（球粒陨石数据来自 Boynton，1984；数据转引自韩吟文和马振东，2003；不同构造环境的原始数据来自 Bhatia and Crook，1986）

值分别为 19.97、26.15、20.65 和 23.11；Zr/Y 的平均比值分别为 8.27、6.91、7.75 和 8.90；与上地壳之间存在差异，而与大陆岛弧和活动大陆边缘的比值非常接近。但 Ni/Co、Rr/Sr 和 Ba/Sr 的平均比值明显与地壳或各种构造环境中的比值不同。在地幔标准化的蛛网图上，下江群的碎屑岩具有大致相似的微量元素分布模式（图 5-8），Nb、Ta、P 和 Ti 等都表现为负亏损。

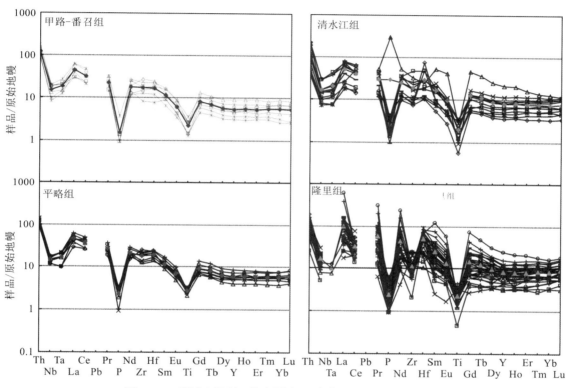

图 5-8 研究区下江群碎屑岩地球化学微量元素蛛网图

（原始地幔数据引自 Sun and McDonough, 1989）

3. 碎屑锆石微量元素

研究样品中锆石的原始地幔标准化 REE 配分模式主要表现为两种形式（图 5-9）。第一种显示重稀土相对于轻稀土富集，轻稀土 La 向重稀土 Lu 逐渐陡倾的配分模式，显著的负 Eu 异常和正 Ce 异常；第二种显示为轻稀土平坦，微弱的正 Ce 异常，显著或不明显的负 Eu 异常。选择具第二种配分模式特征、谐和度大于 90%、Th/U 比值大于 0.1 和阴极发光未见明显变质现象的锆石进行微量元素统计和构造环境判别图解。

四堡群河村组（$Cj SbHc$）：测试了 78 个锆石点，选择其中 69 个锆石点微量元素。这些锆石的 Th/U 比值为 $0.23 \sim 1.55$；元素 Hf 浓度为 $(7690 \sim 14\,253) \times 10^{-6}$；Y 浓度为 $(242 \sim 2456) \times 10^{-6}$；Yb 浓度为 $(70.8 \sim 826.5) \times 10^{-6}$；Nb 浓度为 $(0.31 \sim 21.4) \times 10^{-6}$；

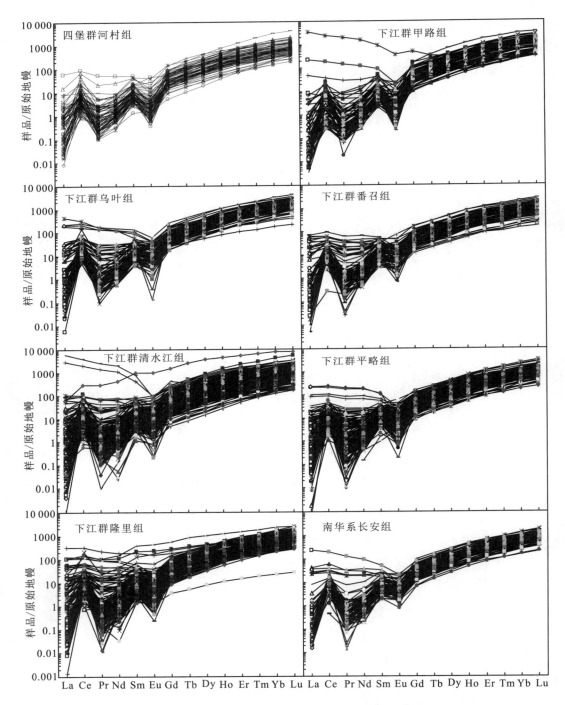

图 5-9 锆石微量元素原始地幔稀土配分模式图

(原始地幔数据来自 Sun and McDonough, 1989)

Th 浓度为 $(22.3\sim1\,167.4)\times10^{-6}$；U 浓度为 $(37.6\sim3\,688.9)\times10^{-6}$；U/Yb 比值范围为 $(0.20\sim6.14)\times10^{-6}$；Th/Yb 比值范围为 $0.17\sim3.13$；Nb/Hf 比值范围为 $0.000\,04\sim0.001\,5$；Th/Nb 比值范围为 $15.8\sim276.5$；Hf/Th 比值范围为 $8.3\sim379.6$。

下江群甲路组（CjXjJl）：测试了 72 个锆石点，选择其中 55 个锆石点微量元素。这些锆石的 Th/U 比值为 $0.11\sim1.19$；元素 Hf 浓度为 $(6700\sim12\,255)\times10^{-6}$；Y 浓度为 $(378\sim3123)\times10^{-6}$；Yb 浓度为 $(118\sim1053)\times10^{-6}$；Nb 浓度为 $(0.29\sim11.9)\times10^{-6}$；Th 浓度为 $(20.3\sim439.4)\times10^{-6}$；U 浓度为 $(35.0\sim910)\times10^{-6}$；U/Yb 比值范围为 $0.21\sim2.29$（±0.05）；Th/Yb 比值范围为 $0.05\sim1.22$；Nb/Hf 比值范围为 $0.000\,03\sim0.001\,3$；Th/Nb 比值范围为 $7.67\sim294.1$；Hf/Th 比值范围为 $22.39\sim449.5$。

下江群乌叶组（CjXjWy）：测试了 77 个锆石点，选择其中 60 个锆石点微量元素。这些锆石的 Th/U 比值为 $0.53\sim2.12$；元素 Hf 浓度为 $(6451\sim11\,626)\times10^{-6}$；Y 浓度为 $(636\sim4090)\times10^{-6}$；Yb 浓度为 $(155\sim1148)\times10^{-6}$；Nb 浓度为 $(0.73\sim15.8)\times10^{-6}$；Th 浓度为 $(33.8\sim727.6)\times10^{-6}$；U 浓度为 $(31.5\sim931.1)\times10^{-6}$；U/Yb 比值范围为 $0.07\sim1.35$；Th/Yb 比值范围为 $0.09\sim1.01$；Nb/Hf 比值范围为 $0.000\,09\sim0.001\,4$；Th/Nb 比值范围为 $15.0\sim257.6$；Hf/Th 比值范围为 $15.0\sim258.8$。

下江群番召组（CjXjFz）：测试了 80 个锆石点，选择其中 54 个锆石点微量元素。这些锆石的 Th/U 比值为 $0.54\sim1.65$；元素 Hf 浓度为 $(6716\sim10\,640)\times10^{-6}$；Y 浓度为 $(346\sim2552)\times10^{-6}$；Yb 浓度为 $(103\sim787)\times10^{-6}$；Nb 浓度为 $(0.34\sim7.65)\times10^{-6}$；Th 浓度为 $(16.3\sim303.5)\times10^{-6}$；U 浓度为 $(26.3\sim426.3)\times10^{-6}$；U/Yb 比值范围为 $0.07\sim1.10$；Th/Yb 比值范围为 $0.08\sim0.78$；Nb/Hf 比值范围为 $0.000\,04\sim0.000\,77$；Th/Nb 比值范围为 $15.5\sim282.2$；Hf/Th 比值范围为 $29.2\sim575.1$。

下江群清水江组（XjQsj）：测试了 167 个锆石点，选择其中 134 个锆石点微量元素。这些锆石的 Th/U 比值为 $0.20\sim3.28$；元素 Hf 浓度为 $(6067\sim11\,896)\times10^{-6}$；Y 浓度为 $(191\sim4559)\times10^{-6}$；Yb 浓度为 $(801\sim1377)\times10^{-6}$；Nb 浓度为 $(0.42\sim8.80)\times10^{-6}$；Th 浓度为 $(14.9\sim571.8)\times10^{-6}$；U 浓度为 $(25.4\sim694.0)\times10^{-6}$；U/Yb 比值范围为 $0.05\sim2.34$；Th/Yb 比值范围为 $0.07\sim1.41$；Nb/Hf 比值范围为 $0.000\,04\sim0.012\,46$；Th/Nb 比值范围为 $2.39\sim255.38$；Hf/Th 比值范围为 $29.36\sim614.39$。

下江群平略组（XjPl）：测试了 163 个锆石点，选择其中 134 个锆石点微量元素。这些锆石的 Th/U 比值为 $0.15\sim1.90$；元素 Hf 浓度为 $(5920\sim12\,765)\times10^{-6}$；Y 浓度为 $(311\sim3316)\times10^{-6}$；Yb 浓度为 $(105\sim1148)\times10^{-6}$；Nb 浓度为 $(0.29\sim8.48)\times10^{-6}$；Th 浓度为 $(23.0\sim516.9)\times10^{-6}$；U 浓度为 $(25.4\sim780.7)\times10^{-6}$；U/Yb 比值范围为 $0.07\sim2.05$；Th/Yb 比值范围为 $0.07\sim1.78$；Nb/Hf 比值范围为 $0.000\,04\sim0.001\,1$；Th/Nb 比值范围为 $11.0\sim522.2$；Hf/Th 比值范围为 $18.3\sim374.4$。

下江群隆里组（XjLl）：测试了 159 个锆石点，选择其中 133 个锆石点微量元素。这些锆石的 Th/U 比值为 $0.11\sim1.79$；元素 Hf 浓度为 $(6469\sim11\,649)\times10^{-6}$；Y 浓度为

$(304\sim2790)\times10^{-6}$;Yb 浓度为$(105\sim853)\times10^{-6}$;Nb 浓度为$(0.18\sim8.73)\times10^{-6}$;Th 浓度为$(15.8\sim721.8)\times10^{-6}$;U 浓度为$(18.8\sim869.8)\times10^{-6}$;U/Yb 比值范围为 $0.08\sim3.49$;Th/Yb 比值范围为 $0.06\sim2.19$;Nb/Hf 比值范围为 $0.00002\sim0.00112$;Th/Nb 比值范围为 $7.0\sim766.6$;Hf/Th 比值范围为 $10.8\sim643.3$。

南华系长安组(NhCa):测试了 75 个锆石点,选择其中 62 个锆石点微量元素。这些锆石 Th/U 比值为 $0.36\sim1.50$;元素 Hf 浓度为$(6372\sim11932)\times10^{-6}$;Y 浓度为$(325\sim2112)\times10^{-6}$;Yb 浓度为$(125\sim666)\times10^{-6}$;Nb 浓度为$(0.2\sim10.3)\times10^{-6}$;Th 浓度为$(18.5\sim356.2)\times10^{-6}$;U 浓度为$(18\sim430)\times10^{-6}$;U/Yb 比值范围为 $0.05\sim1.50$;Th/Yb 比值范围为 $0.05\sim1.21$;Nb/Hf 比值范围为 $0.00002\sim0.00117$;Th/Nb 比值范围为 $17.4\sim256.1$;Hf/Th 比值范围为 $25.3\sim402.6$。

4. 碎屑锆石 U-Pb 年代学

碎屑岩锆石 U-Pb 年代学是物源研究的重要手段。研究样品采样信息及样品特征描述以及部分样品(CjSbHc-1、CjXjWy-1、CjXjQsj-2、XjQsj-4、XjQsj-2、XjPl-2 和 XjLl-2)数据结果前文已论述。现仅将剩余样品(CjXjJl-1、CjXjFz-1、XjQsj-1、XjPl-1 和 XjLl-3)的阴极发光照片和年龄结果简述如下。

1)锆石形态和阴极发光

挑选的锆石多数呈浅色、浅黄色,其次为无色,颗粒以长柱状、短柱状、板状和针状为主,也见不规则状,锆石晶体长 $25\sim300\mu m$,宽 $20\sim160\mu m$,长宽比 $1:1\sim5:1$(个别可达 $8:1$)。多数锆石晶型较完好,表面光滑,未见裂隙;少数呈碎片状,表面较脏、发育裂隙。锆石阴极发光图像揭示 5 种内部结构(图 5-10):①整体上具发育良好的岩浆振荡环带;②岩浆振荡环带或幔边包裹具有均一或振荡环带的核;③具有扇形岩浆振荡环;④无明显的内部结构;⑤具有云雾状、斑杂状或冷杉叶状结构。其中前 3 种代表岩浆成因锆石,第 5 种为变质成因锆石,而第 4 种在地幔岩石中的锆石或者是变质锆石均有发育(吴元保和郑永飞,2004),测年锆石以岩浆锆石占绝大多数。

2)锆石 U-Pb 年龄

在 372 个分析点中,年龄谐和度(Concordance)小于 80% 的有 10 个点;谐和度在 80%~<85% 的有 4 个点;谐和度在 85%~<90% 的有 8 个点;余下 350 个分析点年龄谐和度大于或等于 90%。笔者将谐和度大于或等于 80% 的分析点视为谐和年龄,共计 362 点。在这 362 点中 Th 和 U 含量分别为$(9\sim722)\times10^{-6}$(10 个点 $Th<20\times10^{-6}$,13 点 $20\times10^{-6}<Th<30\times10^{-6}$,仅一个点含量高达 1955×10^{-6})和$(19\sim1067)\times10^{-6}$(1 点 $U<20\times10^{-6}$,7 点 $20\times10^{-6}<U<30\times10^{-6}$);Th/U 比值在 $0.03\sim3.3$ 之间,2 点的 Th/U 比值<0.10 之间,13 点 $0.10\leqslant Th/U<0.20$ 之间,28 点 $0.20\leqslant Th/U<0.40$ 之间,余下 319 点的 Th/U 比值大于 0.40。

下江群甲路组(CjXjJl-1):共测锆石 72 颗。24 颗分析位置处于锆石边部,48 颗分析

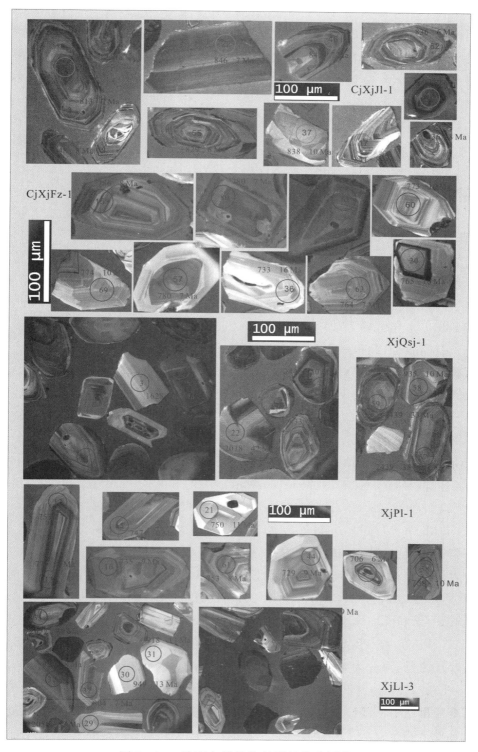

图 5-10 锆石内部结构的阴极发光图像

位置处于锆石中部。其中,CjXjJl-1-45点的Th/U小于0.03,其余点Th/U比值大于0.10。阴极发光显示绝大多数属于岩浆锆石,少数被后期改造。谐和度大于80%(仅3点谐和度小于90%),均落在谐和线上或附近(图5-11,CjXjJl)。它们年龄分布在2487～813Ma之间,可以分为6个年龄段,即2498～2401Ma($n=6$)、1931～1634Ma($n=6$)、1620～1529Ma($n=2$)、1453～1385Ma($n=2$)、1171～1115Ma($n=2$)和1100～818Ma($n=46$);给出了10个年龄峰值,即2437Ma($n=5$)、1868Ma($n=3$)、1801Ma($n=3$)、1699Ma($n=3$)、1574Ma($n=4$)、1435Ma($n=3$)、1157Ma($n=3$)、1033Ma($n=4$)、941Ma($n=10$)和867Ma($n=21$)。最小年龄为(813±7)Ma。

下江群番召组(XjFz-1):共测锆石80颗。13颗分析位置处于锆石边部,67颗分析位置处于锆石中部。CjXjFz-1-47和CjXjFz-1-36测点的年龄分别为685Ma和733Ma,前者锆石阴极发光图像上见一黑斑点,后者的阴极发光极亮且见一裂隙发育。3颗锆石谐和度小于90%,77颗谐和度大于90%,Th/U比值均大于0.1,它们均落在谐和线上或附近(图5-11,XjFz-1)。除去685Ma和733Ma,78颗锆石年龄分布在2818～764Ma;分为3个年龄段,即2601～2458Ma($n=5$)、2125～1950Ma($n=4$)和943～753Ma($n=64$);给出6个年龄峰值,即2523Ma($n=4$)、2023Ma($n=5$)、880Ma($n=16$)、859Ma($n=19$)、834Ma($n=12$)和802Ma($n=18$)。最小年龄为(764±7)Ma。

下江群清水江组底部(XjQsj-1):共测锆石75颗。9颗分析位置处于锆石边部,66颗分析位置处于锆石中部。XjQsj-1-62的年龄为683Ma,阴极发光显示具有变质特征;XjQsj-1-6谐和度为76%。余下的27颗锆石谐和度均大于80%(其中3个测点小于90%);均落在谐和线上或附近(图5-11,XjQsj-1);它们的Th/U均大于0.19,绝大多数大于0.4;阴极发光呈岩浆锆石的特征。年龄分布在2587～783Ma之间;可分为3个年龄段,即2623～2364Ma($n=16$)、2175～1902Ma($n=10$)和959～776Ma($n=42$);给出7个年龄峰值,即2526Ma($n=8$)、2443Ma($n=11$)、1989Ma($n=7$)、936Ma($n=8$)、891Ma($n=10$)、843Ma($n=17$)和798Ma($n=71$);最小年龄为(783±8)Ma。

下江群平略组中下部(XjPl-1):共测锆石75颗。13颗分析位置处于锆石边部,62颗分析位置处于锆石中部。XjPl-1-38谐和度为54%,XjPl-1-15谐和度为79%;XjPl1-72的Th/U比值为0.05;XjPl1-59的锆石阴极发光核部具有斑点而边缘极亮。余下的71颗锆石谐和度均大于88%(其中2个测点小于90%);均落在谐和线上或附近(图5-11,XjPl1);它们的Th/U均大于0.40;阴极发光呈岩浆锆石的特征。年龄分布在1851～727Ma之间;可分为1个年龄段,即910～719Ma($n=69$);给出3个年龄峰值,即870Ma($n=9$)、803Ma($n=29$)和751Ma($n=6$);最小年龄为(727±9)Ma。

下江群隆里组中下部(XjLl-3):共测锆石70颗。19颗分析位置处于锆石边部,51颗分析位置处于锆石中部。锆石谐和度均大于89%(其中2个测点小于90%);均落在谐和线上或附近(图5-11,XjLl-3);它们的Th/U均大于0.11,绝大多数大于0.4;阴极发光呈岩浆锆石特征。年龄分布在2832～737Ma之间;可分为3个年龄段,即2105～

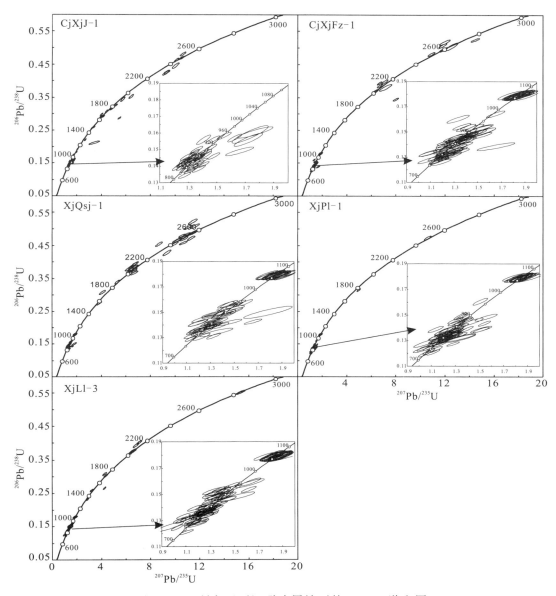

图 5-11 研究区下江群碎屑锆石的 U-Pb 谐和图

2045Ma($n=3$)、1713～1665Ma($n=3$) 和 955～754Ma($n=59$)；给出 6 个年龄峰值，即 2070Ma($n=3$)、1687Ma($n=3$)、902Ma($n=12$)、842Ma($n=15$)、822Ma($n=16$) 和 785Ma($n=11$)；最小年龄为 (737 ± 7)Ma。

下江群所有样品（本书 12 件）组合后，可以分为 6 个年龄段，即 2832～2806Ma($n=1$)、2803～2766Ma($n=0$)、2730～2675Ma($n=0$)、2645～2334Ma($n=40$)、2308～1334Ma($n=70$) 和 1219～709Ma($n=639$)；给出 14 个年龄峰值，即 2462Ma($n=27$)、2224Ma($n=6$)、2064Ma($n=22$)、1986Ma($n=20$)、1884Ma($n=13$)、1838Ma($n=15$)、

1687Ma($n=10$)、1587Ma($n=16$)、1454Ma($n=5$)、1377Ma($n=3$)、1164Ma($n=4$)、1036Ma($n=5$)、858Ma($n=126$)和805Ma($n=175$)。

二、下江群的沉积盆地性质

(一)碎屑颗粒骨架组成的证据

碎屑颗粒骨架组成的Q-F-L(图5-12)和Q-M-Lt(图5-12)图解,样品主要落在再旋回造山带物源区和岩浆弧物源区以及二者的混合物源区;在Qp-Lv-Ls(图5-12)图解上主要落在碰撞造山带物源区和弧造山带物源区以及二者的混合物源区;总体来看以造山带物源区和弧造山带物源区为主。

从层位来看,清水江组落入弧造山带物源区的样品相对较多,而隆里组无落入弧造山带物源区样品,显示从下江群早期至晚期物源有逐渐远离弧造山带物源的趋势。在Qm-P-K图(图5-12)上,显示随着单晶石英的增高,砂岩的成熟度及稳定性随之增高。笔者的投图结果与张传恒等(2009)对比,石英含量基本相同,但本书样品中单晶石英含量略高,岩屑总量大致相同,但笔者投图结果中沉积岩屑含量较高,投图结果基本一致(图5-12)。

综上分析,研究区下江群砂岩物源较为复杂,主要来自再旋回造山带物源及岩浆弧物源,沉积岩碎屑成分来自与弧有关的再旋回造山带。下江群尤其是甲路组、乌叶组、番召组和清水江组的物源组分图解具明显弧造山带物源特征,表明在下江群沉积时区域上存在岩浆弧,下江群沉积环境与弧密切相关,可能处于弧后盆地沉积环境。来自再旋回造山带尤其是碰撞造山带的物源较多,基本没有来自稳定陆块的物源信息,表明研究样品的物源不是来自扬子地块或华夏地块内部,而是主要来自扬子地块与华夏地块拼贴带的增生带,并且这些增生带性质应属于岛弧性质的造山带。

(二)碎屑沉积岩地球化学的证据

1. 物源区成分特征

沉积盆地源区岩石的成分特征对于判别它们的沉积构造环境具有重要的意义(沈渭洲等,2009)。Al_2O_3/TiO_2比值可以用于确定沉积物的源区岩石类型(Girty et al,1996),当Al_2O_3/TiO_2小于14时,反映主要来源于铁镁质岩石,而当Al_2O_3/TiO_2比值介于19~28之间时,反映主要来源于长英质岩石。研究样品的Al_2O_3/TiO_2比值范围在16.9~75.0,各个组的平均比值范围在26.4~40.0,反映本区物源区以长英质岩石为主,含少量铁镁质岩石。Cr主要赋存于铬铁矿中,Zr主要赋存于锆石中,Cr/Zr比值代表了物源区中铁镁质与长英岩石的比例。研究样品的Cr/Zr比值总体较低(表5-6),也表明了物源主要为长英质岩石。另外,研究样品的岩石地球化学在$Ni-TiO_2$图解上(图5-13a),也主要位于长英质区域,远离铁镁质区域,少量具有沉积再循环沉积物的特征。研究区样品

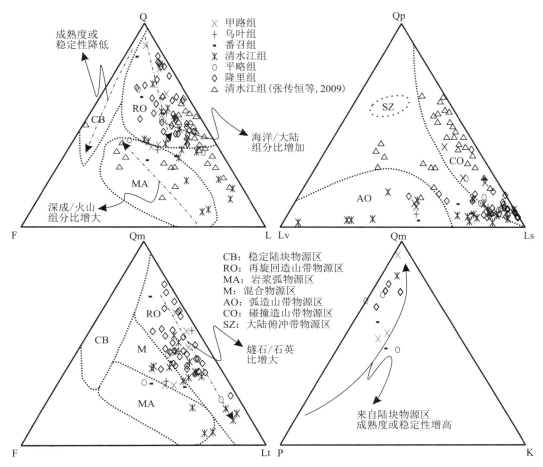

图 5-12　研究区下江群砂岩碎屑岩模式组成 Q-F-L、Qm-F-Lt、Qp-Lv-Ls 和 Qm-P-K 图

Q. 总石英；Qm. 单晶石英；Qp. 多晶石英；F. 总长石；P. 斜长石；K. 碱性长石；L. 总岩屑；LS. 沉积岩屑；Lm. 变质岩屑；Lv. 火山岩屑；Lt. L+Qp 之和。底图据 Dickinson,1983

在 Hf-La/Th 的图解上(图 5-13b)主要分布在长英质区，但必须注意到有不少样品点落在长英质与玄武质混合区，有向安山弧或拉斑玄武质岛弧区演化的趋势，仅含极少量的古老沉积组分。

2. 沉积构造环境判别

碎屑沉积岩的化学组成受到原岩性质、风化条件、沉积分选、再旋回程度、成岩作用和变质强度等诸多因素的综合控制，而这些因素又主要受到沉积盆地的构造环境控制(Bhatia and Crood,1987)。因此，地质学家们长期致力于探索沉积物化学组成与板块构造之间的联系，并将其规律用于识别古代沉积盆地的构造环境(Bhatia and Crood,1987；Gu,1994)。大量的研究工作显示，尽管碎屑沉积岩的地球化学组成与沉积盆地的构造环

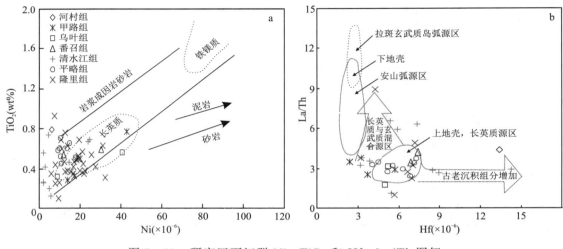

图 5-13 研究区下江群 Ni-TiO$_2$ 和 Hf-La/Th 图解
(a. 底图据 Floyd,1989;b. 底图据 Floyd and Leveridge,1987)

境具有较为复杂的关系(Maynard et al,1982;Kroonenberg,1994),但不同的沉积构造环境下形成的碎屑沉积岩的某些主量元素和稀土元素含量或者是它们之间的比值或图解关系具有特征性,可以用来判别古代沉积盆地大地构造位置性质。且由于地史时期的物源区多被剥蚀破坏,有关这些物源区性质和盆地构造环境的信息仅保留于碎屑沉积物中,因此碎屑沉积岩的地球化学组成对构造环境的判别作用显得十分重要,并发挥着重要的作用。

Bhatia 和 Crood(1986)根据地壳性质将沉积构造背景分为大洋岛弧、大陆岛弧、活动大陆边缘和被动大陆边缘。而活动大陆边缘包括了一系列复杂的位于活动板块边界之上或邻近活动板块边界的活动性大陆边缘(Roser and Korsch,1986)。来自于活动大陆边缘岩浆弧(沉积于包括海沟、弧前、弧间和弧后在内的一系列盆地环境)或与走滑断层有关的隆升区(沉积于拉张盆地)的沉积物中石英含量中等。而富含石英的沉积物多数来自稳定的远离活动板块边缘的大陆地区,即一般认为的被动大陆边缘,它包括了稳定大陆边缘的板内盆地和克拉通内部盆地。

Bhatia 和他的研究团队通过研究澳大利亚东部不同构造背景下盆地形成的杂砂岩化学组成,认为一些主量元素或组合等的地球化学参数可以用来判别沉积盆地的板块构造环境(Bhatia,1983;Bhatia and Crood,1986)。他们认为(TFeO+MgO)百分含量代表岩石中相对基性的组分,Al_2O_3/SiO_2 的比值能大致表示石英的富集程度,K_2O/Na_2O 的比值代表了岩石中钾长石和云母等碱性矿物与斜长石的比例,而 $Al_2O_3/(K_2O+Na_2O)$ 的比值可以表示碎屑沉积物中不活动组分与活动组分之间的比例。从表 5-4 可见,研究区下江群地层中碎屑岩的 SiO_2、K_2O、Na_2O、$TFeO$、Al_2O_3 和 TiO_2 等主量元素含量的平均值与各种大地构造背景比较,更接近于活动大陆边缘构造背景判别值,并向大陆岛弧构造

表 5-6 研究区下江群碎屑岩与不同构造环境碎屑岩地球化学参数对比表

参数	甲路-番召组平均值	清水江组平均值	平略组平均值	隆里组平均值	大洋岛弧	大陆岛弧	活动大陆边缘	被动大陆边缘	上地壳	中国东部地壳
$SiO_2(\times\%)$	71.9	72.8	70.2	69.3	58.8	70.7	73.9	82.0	66.0	65.5
$K_2O(\times\%)$	2.43	2.74	2.87	2.65	1.10	1.73	2.65	1.30	—	—
$Na_2O(\times\%)$	1.52	2.75	2.35	1.33	4.49	2.43	2.27	1.36	—	—
$TFeO(\times\%)$	4.57	1.95	2.98	4.72	6.28	3.84	2.58	2.12	—	—
$TiO_2(\times\%)$	0.48	0.43	0.58	0.47	1.06	0.64	0.46	0.49	0.50	0.65
$Al_2O_3(\times\%)$	12.3	14.5	15.38	15.09	17.11	14.04	12.89	8.41	15.20	13.65
$TFeO+MgO(\times\%)$	5.78	2.44	3.81	6.00	11.73	6.79	4.63	2.89	6.7	7.89
$Al_2O_3/SiO_2(\times\%)$	0.17	0.22	0.22	0.22	0.29	0.20	0.18	0.10	7.15	0.20
$K_2O/Na_2O(\times\%)$	1.69	1.39	1.80	2.87	0.39	0.61	0.99	1.60	0.23	0.94
$K_2O/Al_2O_3(\times\%)$	0.20	0.16	0.18	0.17	0.07	0.15	0.24	0.18	—	—
$Al_2O_3/TiO_2(\times\%)$	26.44	40.00	26.86	34.21	18.98	18.73	24.59	15.02	—	—
$Al_2O_3/(CaO+Na_2O)(\times\%)$	7.80	5.89	8.08	9.15	1.72	2.42	2.56	4.15	0.87	2.25
$La(\times10^{-6})$	30.1	32.1	30.9	41	8.2	27	37	39	30	34.5
$Ce(\times10^{-6})$	55.2	66.4	64.9	59.7	19.4	59	78	85	64	66.4
$\sum REE(\times10^{-6})$	138.4	163.5	155.5	221.5	58	146	186	210	146	—
$LREE/HREE(\times\%)$	7.20	6.79	7.62	7.54	3.8	7.7	9.1	8.5	9.47	
$(La/Yb)_N(\times\%)$	8.24	6.13	7.50	10.67	4.2	11	12.3	15.9	9.2	10.42
$\delta Eu(\times\%)$	0.61	0.61	0.68	0.73	1.04	0.8	0.6	0.55	—	—
$\delta Ce(\times\%)$	0.92	1.07	1.01	0.64					—	—
$Th/U(\times\%)$	5.10	5.20	4.36	4.57	2.1	4.6	4.8	5.6	3.8	5.77
$La/Sc(\times\%)$	3.25	5.53	3.44	3.74	0.55	1.82	4.55	6.25	2.73	2.32
$Th/Sc(\times\%)$	0.94	1.41	0.84	0.75	0.15	0.85	2.59	3.06	0.97	0.60
$Ti/Zr(\times\%)$	25.94	19.29	28.58	26.68	56.8	19.7	15.3	6.74	15.8	20.5
$Zr/Hf(\times\%)$	36.66	34.98	24.59	38.29	45.7	36.3	26.3	29.5	—	—
$Zr/Th(\times\%)$	19.97	26.14	20.65	23.11	48.0	21.5	9.5	19.1	—	—
$Zr/Y(\times\%)$	8.27	6.91	7.75	8.90	5.67	9.6	7.2	12.4	—	—

背景值演化。Al_2O_3/SiO_2、K_2O/Al_2O_3 和 Al_2O_3/TiO_2 比值也显示活动大陆边缘至大陆岛弧特征，只是 $Al_2O_3/(CaO+Na_2O)$ 和 K_2O/Na_2O 比值显示异常，可能是碎屑沉积物在沉积、成岩以及后期变质和全程的风化作用过程中 Na_2O 和 CaO 等活动性组分更易发生改变，可能是富含这些元素的矿物更容易被风化淋滤。这在多数古代盆地的碎屑沉积物中 Na_2O 和 CaO 表现为亏损，而 Al_2O_3 和 SiO_2 等表现相对富集。因此，对研究区新元古代古老的并且遭受了一定程度的浅变质作用的碎屑沉积物来说，K_2O/Na_2O 和 $Al_2O_3/(CaO+Na_2O)$ 比值将增高，可能有别于较年轻的古生代的碎屑沉积物所建立的判别参数。前文论述研究区沉积物经历了中等至弱的化学风化作用和仅少量沉积再循环物质的加入，由此我们认为研究样品的地球化学参数基本能反映当时的沉积构造背景。

Roser 等(1988)利用碎屑岩的 SiO_2-K_2O/Na_2O 图解来判别大地构造环境，将其划分为大洋岛弧、活动大陆边缘和被动大陆边缘。笔者将研究区样品进行投图(图 5-14a)，结果显示四堡群河村组和下江群甲路组、乌叶组、番召组几乎全部落在活动大陆边缘环境。但甲路组有两个点($CjXjJ1-3$、$CjXjJ1-4$)远离活动大陆边缘而投入被动大陆边缘环境，这两点的 Na_2O 含量极低，分别为 0.05 和 0.06，而其 CIA 指数为 74 和 76，达到中等至强的风化程度，因此这两个点的地球化学数据失去了判别效果。而清水江组绝大多数投点落在活动大陆边缘，仅少数落在被动大陆边缘靠近活动大陆边缘区域。平略组也是大多数投点落在活动大陆区域，但有一部分也落在靠近活动大陆边缘附近的被动大陆区域。隆里组的投点结果则是一半落在活动大陆区域而另外一半落在被动大陆区域。从整体上看，在清水江组之前其沉积构造环境应该属于活动大陆边缘环境，而平略组以后沉积构造环境逐渐发生变化，显示被动大陆边缘的物源信息增强，沉积环境也可能向被动陆缘演化。正如前文论述，现今的古老浅变质成因的下江群碎屑岩中的 K_2O/Na_2O 比值与当时沉积时期相比较，可能现在的数据有增大的趋势，因此，其沉积时期的碎屑沉积物的地球化学判别图可能更应落入活动大陆边缘区域向大洋岛弧区域过渡地带。

Maynard 等(1982)使用 $K_2O/Na_2O-SiO_2/Al_2O_3$ 关系图解来判别现在沉积物的构造环境。研究区样品投点结果如图 5-14b 所示，与 SiO_2-K_2O/Na_2O 图解非常相似，在 $K_2O/Na_2O-SiO_2/Al_2O_3$ 图解中样品整体仅有少许向被动大陆区域移动，这可能反映了二者建立图解的样品的差异性因素，也体现了古生代样品较现代样品的风化程度强。

Kumonet 和 Kiminami(1994)总结研究了日本岛不同源区和构造环境的沉积盆地中典型杂砂岩的地球化学特征，认为长石与石英的比例以及基性指数(基性组分与长英质组分的比例)可以用来判别沉积构造环境，因此建立了$(TFeO+MgO)/(SiO_2+K_2O+Na_2O)-Al_2O_3/SiO_2$ 图解来判别成熟岩浆弧、进化岛弧和不成熟岛弧。笔者将研究区样品进行投点(图 5-14c)，结果显示本区乌叶组、番召组和清水江组中的样品投点绝大多数落在成熟岩浆弧区域，少部分落入进化岛弧区域，也有少许落入图解之外。其中，甲路组投点落入图解区域之外，而平略组和隆里组的样品投点多数落在进化岛弧区域，一些落在不成熟岛弧区域，也有少数落入成熟岛弧区域或图解范围之外。而 Kumonet 和 Kininami

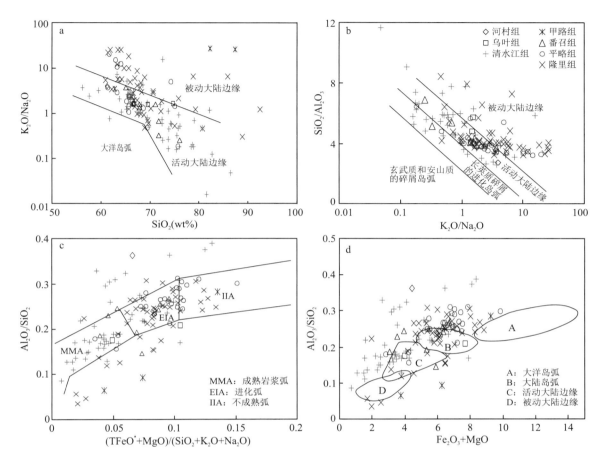

图 5-14 研究区下江群碎屑沉积岩地球化学主量元素判别图解
(a. 底图引自 Roser and Korsch, 1988; b. 底图引自 Maynard et al, 1982;
c. 底图引自 Kumon and Kininami, 1994; d. 底图引自 Bhatia, 1983)

(1994)定义的成熟岩浆弧、进化岛弧和不成熟岩浆弧分别相当于 Bhatia 和 Crook(1986, 1987)的大陆岛弧、活动大陆边缘和被动大陆边缘。因此,其投图结果三者基本一致,只是 Kumonet 和 Kininami(1994)的投图点稍显分散,但不影响整体趋势和结论。

Bhatia(1983)用于基性组分和长石与石英的比例关系建立图解($Fe_2O_3 + MgO$)-Al_2O_3/SiO_2 来区分大洋岛弧、大陆岛弧、活动大陆边缘和被动大陆边缘的沉积构造环境。本书研究样品投点结果如图 5-14d 所示。结果显示乌叶组、番召组和清水江组主要落在大陆岛弧和活动大陆边缘区域或附近。河村组和甲路组样品投点结果不在建立的图解范围内。平略组和隆里组的样品大多数投在大陆岛弧和活动大陆边缘区域或附近。虽然多数样品落在建立判别图解之外,但几乎都落在大陆岛弧和活动大陆边缘区域附近。

综合分析上述图解,我们认为四堡群河村组和下江群甲路组、乌叶组、番召组以及清水江组的形成环境属于典型的活动大陆边缘;平略组主要为活动大陆边缘沉积环境特征,但也有被动大陆边缘环境的特征;隆里组一半地球化学特征显示为活动大陆边缘,一半表现为被动大陆边缘的信息。可以看出平略组时期沉积构造环境主体继承了清水江组时期的特征,仍属于活动大陆边缘。隆里组的沉积构造环境处于弧后盆地的消亡阶段,属于活动大陆边缘向被动大陆边缘过渡环境。

相对于主量元素而言,稀土元素(REE)和微量元素的惰性更强、活动性更差。REE是不可溶元素,它们在海水和河流的含量极低,而碎屑沉积岩中的REE主要是以颗粒物质搬运,受到风化和成岩作用的影响较小,所以携带的物源区信息一般不会丢失,因此碎屑岩的REE含量可以反映物源区的岩石成分(沈渭洲等,2009)。因此,沉积物中的稀土元素特征常被用来恢复沉积物物源区的成分,并作为判别碎屑沉积岩原始沉积环境的有效示踪剂(Bhatia,1983;Bhatia and Crook,1986)。下江群研究样品中甲路-番召组、清水江组和平略组的碎屑沉积岩的La(30.1~32.1)、Ce(55.2~66.4)等稀土元素平均含量及ΣREE(138.4~163.5)含量在大陆岛弧[La(27)、Ce(59)、ΣREE(146)]与活动大陆边缘[La(37)、Ce(78)、ΣREE(186)]之间或相近(表5-4);与大洋岛弧[La(8.2)、Ce(19.4)、ΣREE(58)]、被动大陆边缘[La(39)、Ce(85)、ΣREE(210)]差别较大。LREE/HREE(6.79~7.20)的平均比值范围非常接近大陆岛弧环境参数(7.7),而与大洋岛弧(3.8)或被动大陆边缘(8.5)以及上地壳平均值(9.47)存在明显差异。δEu平均值范围(0.61~0.68)在大陆岛弧(0.8)与活动大陆边缘(0.6)之间。上述参数的判别结果非常一致地显示该区具有大陆岛弧或活动大陆边缘的特征。但隆里组的上述参数除一部分接近大陆岛弧或活动大陆边缘外,另一部分更接近被动大陆边缘,暗示隆里组的沉积构造环境与早期地层的沉积构造环境存在差异。

再者,稀土元素配分模式显示整体与活动大陆边缘特征最为相似。从下至上划分为甲路-番召组、清水江组、平略组和隆里组4个组别。于活动大陆边缘的稀土元素配分模式相似度而言,甲路-乌叶组、平略组与活动大陆边缘环境基本一致;而清水江组除重稀土元素整体上扬之外也表现出高度的相似性;隆里组与活动大陆边缘环境的稀土配分模式相比整体上扬,相似度相对较差,具向被动大陆边缘变化的趋势。

碎屑沉积物中δCe异常也是判别沉积环境的一个重要指标(Murray et al,1990)。在大陆边缘附近,Ce的异常不明显(0.84~0.93)或出现正异常;在开阔大洋,Ce的负异常明显(约0.56);在洋中脊附近,Ce的负异常最显著(约0.28)。本书的的Ce异常值(表5-4)显示研究区属于大陆边缘环境。

Bhatia等学者(Bhatia,1983;Bhatia and Crook,1986)指出,La、Sc、Co、Th、Zr、Hf和Ti等相对不活泼元素在海水中停留的时间较短,在风化、剥蚀、搬运、沉积等地质作用过程中能转移到碎屑沉积物中,它们的组合特征不但可以确定沉积物源区类型,而且能有效地确定沉积盆地的构造环境。同时,强不相容元素(La、T、Zr)和强相容元素(Sc、Co)的含量及其比值又是沉积物源区特征及其构造环境反演的良好示踪剂。研究区碎屑沉积岩样品的 Th/U(4.36～5.20)、La/Sc(3.25～5.53)、Th/Sc(0.75～1.41)、Ti/Zr(19.29～28.58)、Zr/Hf(24.59～38.29)、Zr/Th(19.97～26.14)和 Zr/Y(6.91～8.90)的平均比值与大陆岛弧[Th/U(4.6)、La/Sc(1.82)、Th/Sc(0.85)、Ti/Zr(19.7)、Zr/Hf(36.3)、Zr/Th(21.5)和 Zr/Y(9.6)]或活动大陆边缘[Th/U(4.8)、La/Sc(4.55)、Th/Sc(2.59)、Ti/Zr(15.3)、Zr/Hf(26.3)、Zr/Th(9.5)和 Zr/Y(7.2)]相近或在二者之间；而绝大多数参数明显与大洋岛弧[Th/U(2.1)、La/Sc(0.55)、Th/Sc(0.15)、Ti/Zr(56.8)、Zr/Hf(45.7)、Zr/Th(48.0)和 Zr/Y(5.67)]或被动大陆边缘[Th/U(5.6)、La/Sc(6.25)、Th/Sc(3.06)、Ti/Zr(6.74)、Zr/Hf(29.5)、Zr/Th(19.1)和 Zr/Y(12.4)]存在明显差异。

Bhaitia 和 Crood(1986)还利用微量元素比值及其之间的联系建立判别大洋岛弧、大陆岛弧、活动大陆边缘和被动大陆边缘等沉积构造环境的各种图解(Sc/Cr-La/Y、La/Sc-Ti/Zr、Th-Co-Zr/10、La-Th-Sc、Th-Sc-Zr/10)。研究区样品在这些图解(图 5-15)中绝大多数投点落在大陆岛弧或活动大陆边缘区域，少数落入大洋岛弧或被动大陆边缘区域，也有少数点落入判别图解之外的区域，但其平均值均落在大陆岛弧或活动大陆边缘区域内或二者区域附近。

一些学者指出，碎屑沉积岩的地球化学组成的差异可能主要与化学风化、沉积分选和再旋回等沉积过程有关，利用碎屑沉积岩的地球化学数据来判别沉积盆地的构造环境是存在风险的(VanderKamp and Leake,1985)。笔者也认为化学风化、沉积分选和再旋回等沉积过程无疑对影响碎屑沉积岩的地球化学数据起到重要的作用，尤其是当化学风化作用强烈、沉积分选和再旋回特征明显时，碎屑沉积岩的地球化学数据判别沉积盆地构造环境会产生较大的偏差。建立判别图解本身也强调了上述因素的影响，并要求其影响是较小或可推测分析的。必须指出利用碎屑沉积物地球化学组成判别沉积盆地的沉积构造环境的前提是物源区的性质与控制邻区沉积盆地的构造作用过程密切相关，如无必然关联其判别必然是无效的。江南造山带的造山过程与下江群沉积盆地形成过程具有时空上的耦合关系，下江群的沉积物是必然记录了江南造山带的构造活动信息的。另外，研究区下江群碎屑沉积岩样品的风化程度为弱至中等，也存在一定程度的沉积分选和再旋回物质的参与，因此其判别效果可能存在一定的偏差，但这些偏差仍在可预期的范围之内，其对沉积盆地构造环境的影响是次要的，主要因素还是沉积盆地本身的构造环境。

综上所述，主量元素含量及比值、稀土元素与微量元素含量及比值、稀土元素配分模式、微量元素蛛网图和主量元素、微量元素判别图解等多种、多重参数判别显示：江南造山带西段下江群的碎屑沉积物形成于活动大陆边缘环境。其中，该区又可以划分为两个沉积阶段，甲路组至清水江组为典型的活动大陆边缘环境沉积阶段，而平略组和隆里组特别是隆里组为活动大陆边缘环境逐渐消失并向被动大陆边缘环境演化沉积阶段。

(三)碎屑锆石稀土元素的证据

1. 锆石成因

不同成因的锆石具有特定的地球化学特征和内部结构。岩浆结晶的锆石的 Th/U 比

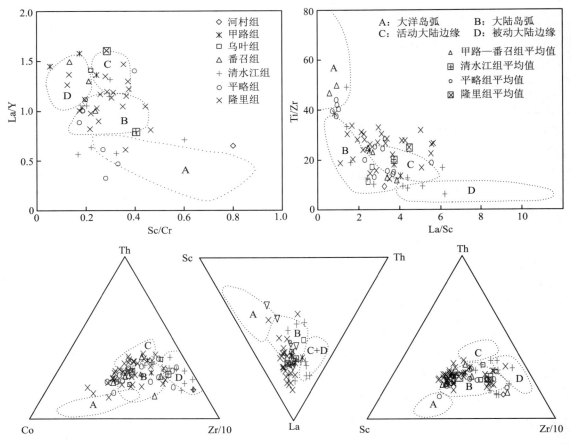

图 5-15 研究区下江群沉积构造环境的微量元素判别图解

(底图据 Bhatia and Crook,1986)

值一般较高(＞0.1),具有振荡环带或扇形分带的内部结构以及与球粒陨石具有一致的稀土配分模式(吴元保和郑永飞,2004;Hoskin and Schaltegger,2003)。变质成因的锆石的 Th/U 比值一般较低(＜0.1),内部结构多呈无分带—若分带或斑杂状或不规则状,阴极发光图像一般较岩浆成因的锆石或暗或亮(吴元保和郑永飞,2004;Hoskin and Schaltegger,2003)。特定的变质条件(相)形成的锆石具有不同的锆石地球化学组成,如榴辉岩相条件下形成的锆石具有重稀土平坦的稀土配分模式和无负 Eu 异常或微弱的负 Eu 异常,可能是形成过程中有强烈的 HREE 富集的石榴石存在而没有富集 Eu 的斜长石。而麻粒岩相形成的锆石也具有重稀土平坦的稀土配分模式而具有显著的负 Eu 异常,表明锆石形成过程中存在强烈富集 HREE 的石榴石并同时存在富集 Eu 的斜长石(杨江海,2012)。热液成因锆石中因为一般存在各种矿物包裹体或流体,其 REE 配分模式表现为轻稀土(LREE)平坦或较低的$(Sm/La)_N$比值、La 较为富集和 Ce 异常较小(Hoskin,2005),但可能也具有与岩浆锆石相似的稀土配分模式,有时同一样品中会同时存在岩浆型稀土配分模式和轻稀土平坦模式的热液成因锆石颗粒(杨江海,2012)。

本书研究样品中多数锆石颗粒具有岩浆成因锆石特征。但也有少数锆石具有轻稀土平坦和极少数锆石重稀土陡倾的稀土配分模式,与一些热液成因的锆石特征一致。这些锆石中部分颗粒同时又发育典型的岩浆成因锆石的振荡环带,具有较高的 Th/U 比值和相对一致的重稀土含量和配分模式,而没有观察到锆石中具有包裹体的存在。前人也报道过部分岩浆成因锆石也具有轻稀土平坦的配分模式(Pettke et al,2005),这些锆石属于岩浆成因的可能性较大,另外深俯冲的洋壳经过部分熔融形成的熔体结晶而成的锆石也具有上述特征,也可能是一种成因解释(Rubatto and Hermann,2007)。

2. 锆石微量元素源区示踪

锆石是岩石中主要的 Zr、Hf 储库,随着锆石从岩浆中不断结晶,熔体中的 Zr、Hf 浓度逐渐降低,因此锆石中 Hf 对于岩浆分异具有较强的灵敏度(Clarborne et al,2006)。由于 Zr 优先进入锆石,导致熔体中的 Zr/Hf 比值不断下降,从而使得后结晶的锆石中 Hf 含量逐渐增大(Clarborne et al,2006,2010)。通常热的、分异度较低的基性岩浆结晶的锆石具有较低的 Hf 含量和较高的 Ti 含量(图 5-16);而冷的、分异度较高的酸性岩浆结晶的锆石则呈相反趋势,而且二者之间呈很好的非线性负相关关系(Clarborne et al,2010)。因此,岩浆锆石的 Hf 元素可以指示岩浆分异度的大小(Clarborne et al,2006,2010),而 Ti 含量是锆石结晶温度的良好指示剂(Watson et al,2006),两者结合可以很好地反映岩浆结晶分异的演化过程。

Th 和 U 被认为是不相容元素,在岩浆结晶过程中经常会在熔体中富集,但是因其二者的原子半径较大,导致不会像 Hf 一样富集(Hoskin and Schaltegger,2003)。在没有特殊富 Th、U 矿物形成的条件下,它们在锆石中的含量随岩浆的结晶分异逐渐增大,这与 Hf 的变化相似。

研究区下江群样品中不同年龄段的锆石中均存在较低的 Hf 含量($<8000\times10^{-6}$)的锆石颗粒,但所占比重均不高,这些颗粒代表相对基性的、分异度低的如玄武质类岩浆活动的产物(Belousova et al,2002)。而绝大多数锆石颗粒中的 Hf 含量为中等[$(8000\sim11\,000)\times10^{-6}$],这些特征指示岩浆可能来自地壳深部且经历中等分异演化过程的岩浆源区(Rubatto and Hermann,2007)。部分锆石颗粒的 Hf 含量较高($>11\,000\times10^{-6}$),说明岩浆源区分异成熟度较高,经历了过强的分异演化。同时,这些颗粒具有较大的负 Eu 异常和低的 Th 含量,可能是由于同时期或之前有大量斜长石和富 Th 矿物(如独居石和褐帘石)形成。

与 Hf、Th、U 元素不同,Nb^{5+} 要通过磷钇矿的置换作用取代 Zr^{4+} 才能进入锆石晶格,另外 Nb 元素在锆石中的浓度主要反映锆石结晶时岩浆中 Nb 元素的相对含量,而不是岩浆的结晶分异过程的控制(Schulz et al,2006)。因此,锆石中 Nb 浓度的差异反映来源岩浆化学组成的差异,并且这种差异可以进一步判断锆石形成时的岩浆活动的构造背景(杨江海,2012)。Hf、Th(U)和 Nb 在锆石中化学行为的差异或可以用来判别寄主岩石

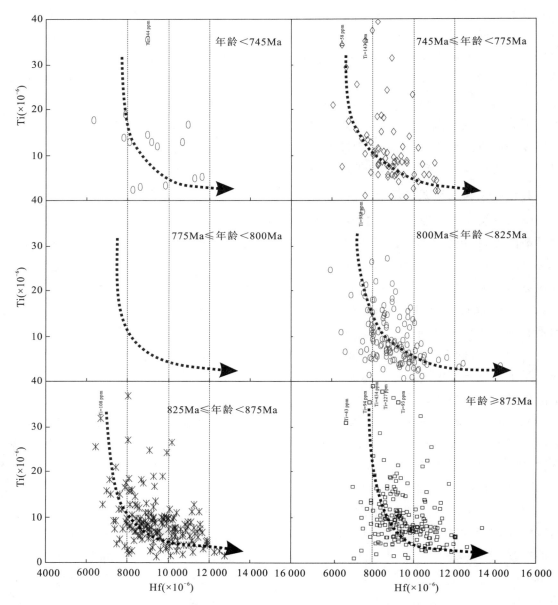

图 5-16 研究区下江群中碎屑锆石的 Hf-Ti 双变量图解

(显示二者呈非线性的负相关性,底图据 Yang et al,2012)

的构造背景。岛弧与板内岩浆的区别在于岛弧岩浆中的 Nb 明显亏损,因此,在相当的岩浆分异程度条件下,岛弧岩浆中结晶的锆石比板内岩浆中结晶的锆石具有低的 Nb/Hf 比值和高的 Th/Nb 比值。Yang 等(2012)利用这种元素关系,以典型的板内或非造山环境岩浆岩中的锆石和岛弧相关的或造山带环境的岩浆锆石建立了 Th/U-Nb/Hf 和 Th/Nb-Hf/Th 图解,并且很好地用于右江盆地的研究中。

笔者将研究区下江群和四堡群中碎屑岩和沉凝灰岩样品中的锆石按照年龄划分为6个组段：①745～723Ma；②775～745Ma；③815～775Ma；④825～815Ma；⑤875～825Ma；⑥＞875Ma，对上述6个年龄组段分别进行Th/U-Nb/Hf和Th/Nb-Hf/Th投图（图5-17、图5-18）。

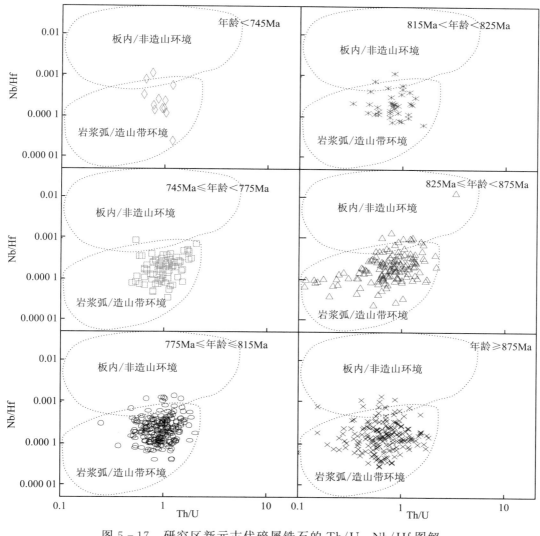

图5-17　研究区新元古代碎屑锆石的Th/U-Nb/Hf图解

(底图据Yang et al,2012)

结果显示，所有年龄段的锆石颗粒绝大多数投在岩浆弧/造山带环境区域，极少数投在岩浆弧/造山带和板内/非造山环境的共同区域，个别投点落在板内/非造山带环境区域，显示研究区在新元古代及之前的大地构造背景属于岛弧/造山带环境。这与前文利用碎屑沉积岩的全岩地球化学数据进行判别获得的属于活动大陆边缘至大陆岛弧环境的结

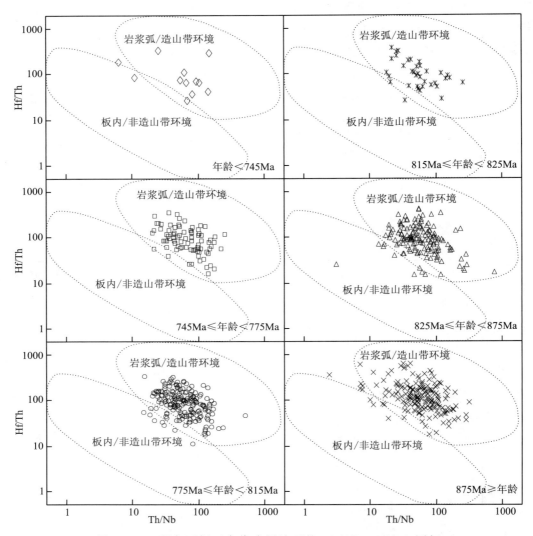

图 5-18 研究区新元古代碎屑锆石的 Th/Nb-Hf/Th 图解
(底图据 Yang et al,2012)

论非常一致。另外,从图中还可以得出一个信息 875~825Ma 和大于 875Ma 的锆石年龄组较其他 4 个年龄组投图结果更加分散并更趋近于岩浆弧/造山带环境。要特别注意的是,775~745Ma 年龄组的锆石投图结果几乎全部落入岩浆弧/造山带环境区域,暗示江南造山带西段在 775~745Ma 存在岩浆岛弧。

形成于大陆地壳的锆石和大洋扩张中心的多数锆石在化学组成上具有较大的差别,譬如相对低的 Th 和 U 含量和低的 U/Yb 和 Th/Yb 比值等(Grimes et al,2007),因此碎屑锆石可以用来示踪洋壳源区。Grimes 等(2007)利用该特征建立了用于判别大陆花岗质岩石或大洋地壳锆石的 Hf-Th/Y、Hf-U/Yb、Y-U/Yb 和 Y-Th/Yb 等图解。研究区新元古代的锆石投图结果见图 5-19 和图 5-20。从图中可见,大多数锆石颗粒投点落在大陆花岗质岩石区域,少数点投点落入大洋地壳锆石区域,值得注意的是,大约 1/3 的锆石点落入花岗质岩石和大洋地壳锆石的混合区域内,这组锆石的 U/Yb 比值范围为 0.05~0.39,平均值为 0.22,较高于 Grimes 等(2007)所报道的洋壳锆石的平均值(0.18),但远低于大陆花岗质岩石中锆石的平均值(1.07)。而这些锆石颗粒的 Th/Yb 比值中等,也更接近于大洋地壳锆石的比值而远离大陆花岗质岩石的比值。不能排除俯冲环境洋壳物源的存在。

另外,大陆弧和一些岛弧岩石中可见具有与大陆壳岩石相似的微量元素特征和重叠区域(Grimes et al,2007)。因此,研究区新元古代下江群锆石可能形成于俯冲带环境,而与洋中脊型(MORB)岩石的锆石存在差异。结合利用 Yang 等(2012)建立的 Th/U-Nb/Hf 和 Th/Nb-Hf/Th 图解得出属于岩浆弧/造山带环境的结论和全岩地球化学数据判别的活动大陆边缘、大陆岛弧环境的结论,分析研究区可能长期处于岛弧俯冲环境,该构造环境至少持续至新元古代下江群时期(约 760Ma)。

(四)碎屑锆石年代学的证据

1. 碎屑锆石记录的前寒武纪构造事件

研究样品中的单件样品给出的年龄峰值和全部样品给出的峰值年龄有(图 5-21):2462Ma、2224Ma、2064Ma、1986Ma、1884Ma、1838Ma、1687Ma、1587Ma、1454Ma、1377Ma、1163Ma、1036Ma、941Ma、902Ma、858Ma、822Ma、805Ma、785Ma 和 751Ma。这些峰值年龄中以 822Ma 和 805Ma 为主要峰值,其次为 858Ma,再次为 2462Ma,最次为 2064Ma 和 1986Ma;而最弱的峰值为 1377Ma,次弱为 1163Ma,再次之为 1036Ma 和 1454Ma;而最为年轻的几个峰值年龄为 751Ma、785Ma 和 805Ma。这些峰值年龄的地质含义显示了主要的岩浆事件时期(820Ma 和 860Ma,2500Ma,2000Ma 和 1650Ma)和最新岩浆事件时期(750Ma、785Ma、800Ma 和 822Ma)。而给出的年龄段显示为:2832~2806Ma、2803~2766Ma、2730~2675Ma、2645~2334Ma、2308~1334Ma 和 1219~709Ma。这些年龄段和峰值年龄记录了物源区前寒武纪构造事件。

2645~2334Ma(峰值年龄 2462Ma):该年龄区间或年龄峰值对应于新太古代末—古元古代全球古陆形成阶段,与前人研究扬子地块内部(张少兵,2008)和华夏的武夷山、南岭、云开地块(于津海等,2005,2007,2009)等地区获得的数据相似,指示物源区于古太古代已经形成,可能来自扬子地块内部抑或是前人视为曾经出现又消失的华夏古陆。

2308~1334Ma(年龄峰值有 2050Ma、1950Ma、1884Ma、1838Ma、1687Ma 和 1587Ma):可能代表了两次(2000~1800Ma 和 1600~1500Ma)地壳再熔融事件(郑建平等,2008)。后者可能包含在 Columbia 超大陆聚合与裂解的时间内(Ropers and Santosh,2002),暗示物源区可能为 Columbia 超级大陆的一部分。

1219~709Ma(峰值年龄有 1163Ma、1036Ma、940Ma、902Ma 和 860Ma、822Ma、

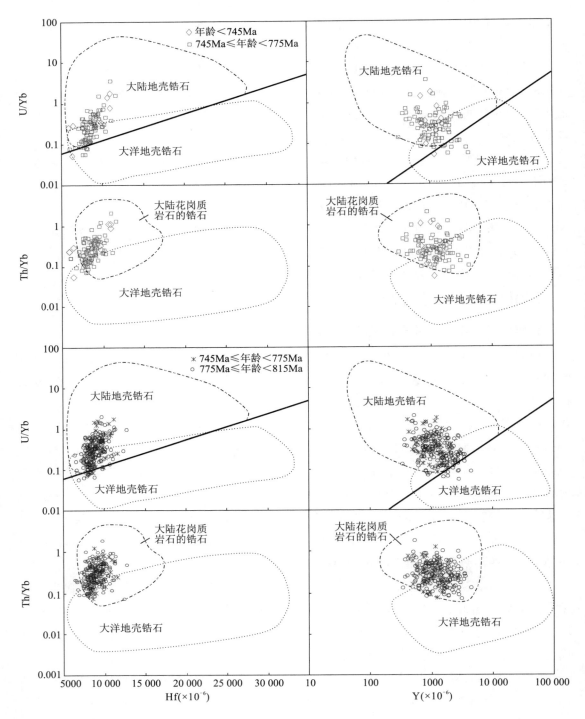

图 5-19 研究区新元古代碎屑锆石的 Hf-Th/Yb、Hf-U/Yb、Y-Th/Yb 和 Y-U/Yb 图解
(底图据 Grimes et al,2007)

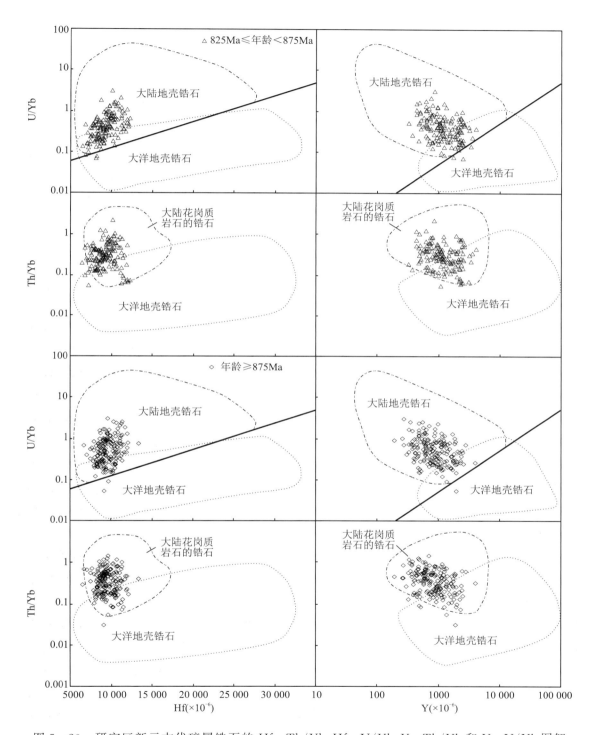

图 5-20 研究区新元古代碎屑锆石的 Hf-Th/Yb、Hf-U/Yb、Y-Th/Yb 和 Y-U/Yb 图解
(底图据 Grimes et al,2007)

805Ma、785Ma 以及 750Ma):其中,1163Ma、1036Ma、940Ma 和 902Ma 应该与 Grenville 期造山事件相对应(Greentree et al,2006),但研究区碎屑锆石中没有明显表现出这些年龄峰值,可能暗示研究区远离格林威尔造山带。而后 5 个峰值年龄是扬子地块与华夏地块多次拼贴的证据(Zheng et al,2007;Wang W,et al,2012;Zhao et al,2013),其中 822Ma 的峰值年龄代表武陵造山运动;而 785Ma 和 750Ma 的峰值年龄应该是雪峰运动。

2. 研究区下江群的物源分析

扬子地块与华夏地块的岩浆岩或火山岩年龄频率图(图 5-21)显示,扬子地块内部峰值主要为 805Ma 和 2950Ma 以及 2800Ma,其次为 2500Ma 和 1950Ma。扬子地块周缘缺乏峰值 2950Ma 和 2800Ma,而更加显著地显示了 2500Ma 和 1950Ma 峰值年龄,扬子地块西缘出现了 1700Ma 峰值年龄,扬子地块东南缘(江南造山带)东段可见较弱的 1200Ma 峰值。而华夏地块峰值主要为 2500Ma、1800Ma、1050Ma、800Ma 和 700Ma,其次可见峰值 1200Ma。

扬子地块与华夏地块两者均出现的 2500Ma 峰值年龄,可能是新太古代晚期的全球古陆核生长事件的表现。华夏地块明显地记录了 1800~1600Ma 的构造热事件(周继彬等,2007),扬子地块周缘也出现了 1950Ma 和 1700Ma 年龄峰值。但扬子地块与华夏地块的碎屑锆石年龄峰值表明,它们在前寒武纪时期的地壳增长规律不一致:①扬子地块内部发育 2900Ma 峰值年龄,在扬子地块内部和周缘广泛出露新元古代沉积岩、花岗岩和铁镁质岩石等,这些岩石中发现了大量 2900Ma 左右的锆石年龄(Gao et al,1999;郑永飞等,2007;张少兵,2008),说明扬子地块存在太古宙地壳基底;虽然近年来在华夏地块中时有发现古老的锆石年龄(郑建平等,2008;郑永飞等,2007,Yu et al,2010),但它缺乏 2900Ma 年龄峰值。②扬子地块周缘和华夏地块周缘的锆石峰值年龄显示其构造事件不一致。尤其是华夏地块显著记录了 1100~900Ma(Grencille 造山作用)的岩浆事件,而扬子地块内部未记录,扬子地块周缘也无明显显示,仅在扬子地块东南缘东段出现不太明显的 1200Ma 年龄峰值。

扬子地块东南缘(江南造山带)东段的双桥山群(图 5-21)碎屑锆石年龄谱峰值主要为 820Ma,其次为 1600Ma 和 1800Ma 微弱峰值;西段的梵净山群碎屑锆石年龄谱峰值主要为 820Ma 和 850Ma,其次为 1600Ma 和 1800Ma,此外也隐约可见 1200Ma 和 2500Ma 的峰值年龄;西段冷家溪群碎屑锆石年龄谱峰值与梵净山群相似;西段四堡群碎屑锆石年龄谱峰值年龄为 850Ma 和 820Ma,其次为 1600Ma、1800Ma 以及 2500Ma。这些地层的年龄谱特征,与华夏地块岩浆岩年龄谱比较明显缺乏 1100~900Ma 和 1200Ma 峰值年龄,与扬子地块内部岩浆岩年龄谱比较又明显缺乏 2900Ma 峰值,而与扬子地块周缘岩浆岩年龄谱相似,揭示梵净山群、四堡群、冷家溪群和双桥山群的物源区主要是扬子地块周缘增生带,而来自扬子地块内部的物源信息弱,可能暗示当时扬子地块基底未处于剥蚀高位地段,没有来自华夏地块的物源信息,反映当时沉积区与华夏地块之间存在天然屏障。梵净山群及其相当层位的沉积盆地与华夏地块之间可能存在深海沟相隔,暗示华夏地块与

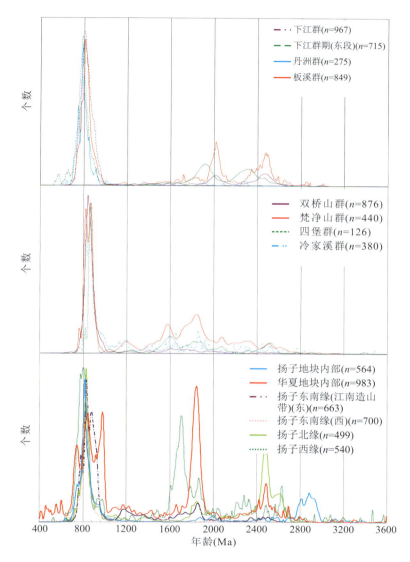

图 5-21 扬子地块内部及周缘、华夏地块岩浆岩和四堡期、下江群沉积岩的锆石年龄频率曲线图

数据来源:扬子地块内部(张少兵,2008;Hofmann et al,2011);扬子地块东南缘(江南造山带)西段(李献华等,2002;王孝磊等 2004;曾雯等,2005;张春红等,2009;Wang et al,2010;王劲松等,2012;Zhao et al,2013;孙海清等,2013,2014;王艳楠等,2014;卓皆文等,2015);扬子地块东南缘(江南造山带)东段(Ye et al,2007;Zheng et al,2008;Li et al,2008,2011;陈志洪等,2009;涂荫玖等,2011;高林志等,2013;Yao et al,2015);华夏地块(Xu et al,2004;Yu et al,2008,2010;王丽娟等,2008;Li et al,2008;Shu et al,2008,2011;曾雯,2010;Wang Y J, et al,2013);双桥山群(Wang W, et al,2013;Xu X B, et al,2014;Yao et al,2015);梵净山群(王敏,2012);冷家溪群(张玉芝等 2011;Wang W, et al,2012;孟庆秀等,2013);四堡群(Wang W, et al,2012;王鹏鸣,2012)和本书数据;下江群(Wang et al,2010)和本书数据;丹洲群(Wang W, et al,2012);板溪群(Wang et al,2010;张玉芝等 2011;Wang W, et al,2012;王鹏鸣,2012;孟庆秀等,2013;马慧英等,2013)

扬子地块在这个时期尚未拼贴一体。

扬子地块东南缘（江南造山带）西段下江期的下江群、丹洲群和板溪群碎屑锆石年龄谱峰值以800Ma和822Ma为主，其次为2000Ma和2500Ma，也见大于2500Ma的碎屑锆石年龄；扬子地块东南缘（江南造山带）东段下江期碎屑岩年龄谱特征与西段基本一致，只是两个较老的次年龄峰值较西段年轻，显示其物源区具有差异性（图5-21）。总体年龄谱特征基本继承了四堡期的特点，与扬子地块周缘岩浆岩年龄谱特征相似，而与扬子地块内部或华夏地块年龄谱具有明显差异，反映下江期沉积物源仍然来自扬子地块周缘增生带，没有来自华夏地块的物源，可能揭示了研究区下江期华夏地块与扬子地块仍未最终拼贴一体，二者之间仍然存在广阔的大洋。

下江群时期与四堡群时期的年龄谱特征差异在于四堡群时期的1600Ma和1950Ma峰值较2500Ma峰值更为明显，而下江群时期则是2500Ma和2000Ma峰值较1600Ma和1800Ma年龄峰值更为明显，反映物源区的变化或是物源区剥蚀层位的变化。同时，年轻的峰值年龄逐渐变新，是来自同沉积火山物质记录，反映同沉积期伴随有明显的岩浆活动，沉积背景属于活动构造环境而非稳定沉积环境。因此，江南造山带西段的扬子地块与华夏地块之间的存在一个活动构造带。

此外，我们将研究区下江群各个组段的碎屑锆石作年龄频率图（图5-22），具有以下变化趋势：①年轻的年龄峰值总体上逐渐变新；②下江群清水江组及之前地层中的老锆石年龄峰值较为明显，而下江群平略组和隆里组地层中缺乏老锆石年龄谱（图5-22）。

为更清楚地表现这一特点，将下江群的甲路组、乌叶组、番召组和清水江组等早期地层与平略组、隆里组等晚期地层中的碎屑锆石分别合并（图5-23），揭示了清水江组前后物源区发生了变化。清水江组沉积期是下江群盆地物源转换的关键时期。下江群早期地层的物源可能来自扬子地块周缘的梵净山群、四堡群和冷家溪群沉积分布区和扬子地块基地内部，而晚期地层的物源已经转变为下江群早期地层沉积分布区，没有来自四堡期的沉积物源，而扬子地块基底内部物源没有抑或较少。清水江组的沉凝灰岩年龄770~740Ma与广西龙胜、湖南古丈一带枕状玄武岩和铁镁质岩石年龄（761±8）Ma（葛文春等，2001）和（765±14）Ma（Zhou et al,2007），显示清水江组源区来自紧邻的广西龙胜、湖南古丈一带的岛弧火山岩。

770~740Ma扬子地块北缘及雪峰山地区的岩浆活动明显，770~740Ma时期雪峰运动已经开启。雪峰运动导致扬子地块北缘、西缘和雪峰山地区的新元古代地层与南华纪地层之间呈角度不整合接触，但雪峰山南东缘由北西向南东方向从微角度不整合→平行不整合→整合接触，反映雪峰运动的造山核心区域在扬子地块北缘及雪峰山地区，而处于扬子地块东南缘的江南造山带西段（湘黔桂毗邻区）属于雪峰运动的外围。雪峰运动使得龙胜地区的火山弧消亡。

(五)讨论与结论

早期将四堡群和下江群归属于中元古代，认为华南板块是由华夏和扬子两大块体在

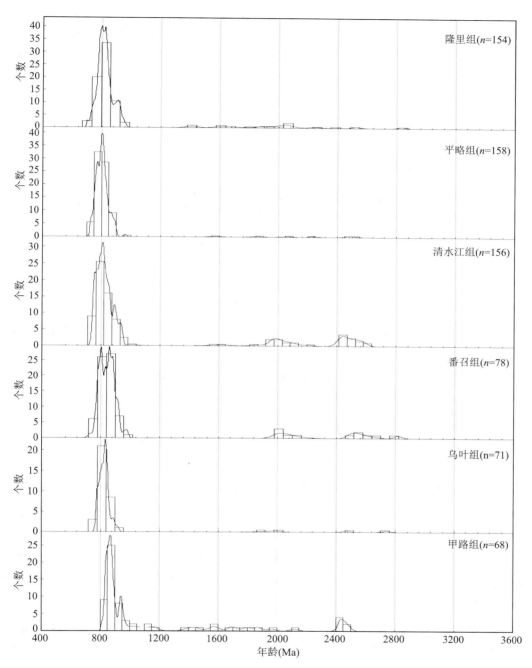

图 5-22 研究区下江群不同层位碎屑锆石年龄频率曲线图

武陵造山运动时期——"格林威尔造山运动"时期最终拼贴形成的,将其纳入格林威尔全球造山运动体系。部分学者也将其纳入 Rodinia 超级大陆全球的构造体系,特别是将下江群及其相当层位视为 Rodinia 超级大陆于 1.0 Ga 后裂解的产物,进一步推断裂解源于"超级地幔柱"的活动(Li Z X,et al,2003)。本书限定下江群年龄范围为 815~720Ma,而

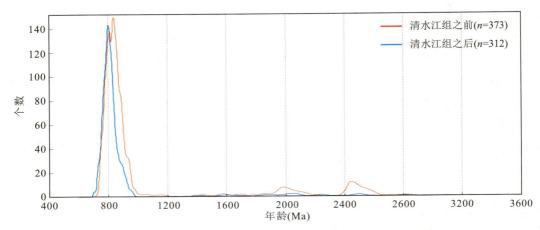

图 5-23　研究区下江群不同层位碎屑锆石年龄频率曲线图(归并处理)

区域资料反映四堡群及其相当层位的年龄集中在 870～815Ma,因此,四堡群和下江群的时代为新元古代而不是中元古代。四堡运动发生在约 820Ma(王剑,2005),雪峰运动开启于 760Ma,二者运动时间明显晚于格林威尔造山运动(1100～900Ma),四堡运动和雪峰运动不属于格林威尔全球造山体系,江南造山带变质基底的形成与"格林威尔造山运动"无关(王自强等,2012),华夏地块与扬子地块的拼贴一体的时间不是格林威尔时期,是否与 Rodinia 超大陆解体有关尚值得探讨。

目前认为江南造山带东段和西段的武陵构造运动性质不相同,西段属于陆内裂解之后的陆-陆碰撞造山(王剑,2005;Li et al,2002),而东段属于沟-弧-盆体系背景下的洋-陆碰撞(Wang et al,2010;Wang et al,2014)。笔者认为江南造山带西段下江群的源区属于弧造山带,沉积背景处于沟-弧-盆体系,四堡群和下江群都是沟-弧-盆体系下的沉积产物。这一认识还得到区域岩浆岩数据的支持。Zheng 等(2007)研究扬子地块内部晓峰岩体的地球化学和年代学,认为新元古代早期 830～820Ma 的岩浆岩是弧-陆碰撞造山带伸展垮塌熔融的产物。Zhou 等(2002a,2002b)和 Wang 等(2014)通过对扬子周缘岩浆岩的研究,认为从 1000Ma 开始扬子周缘发生俯冲作用,至 830Ma 左右结束,其间一直属于活动大陆边缘构造环境。Zhou 等(2002a,2002b)指出沿扬子周缘分布的岩浆作用是由东南缘的江南岛弧和北西缘的攀西-汉南弧所引起的岩浆作用。赵军红等(2015)通过对扬子东南缘四堡、益阳、障源和歙县四地出露少量的 MORB 型和玻安质系列岩浆岩的研究认为扬子东南缘俯冲作用过程开始于 850Ma,结束于 830Ma。Lin 等(2015)对江南造山带西段梵净山和从江地区的四堡期的超镁铁质岩的地球化学研究认为其形成环境属于弧-陆俯冲环境。结合本书从造山带沉积地质学角度研究的资料,笔者认为江南造山带西段武陵造山运动(820Ma)的动力学来源于扬子地块和华夏地块的洋-陆俯冲作用,梵净山群、四堡群和冷家溪群是沟-弧-盆沉积体系的产物(赵军红等,2015)。

上述大多数学者认为扬子地块和华夏地块经过武陵运动之后最终拼贴一体。最近,一些学者研究了江南造山带西段广西龙胜等地760Ma的变辉长岩、辉石岩、橄榄岩和玄武岩等超镁铁质岩的地球化学和同位素体系,超镁铁质岩石地球化学和Sm-Nd同位素体系特征指示其形成于MORB和弧后盆地混合区,并认为岩浆岩形成背景仍然属于岛弧环境(Lin et al,2015)。Zhou等(2004)研究龙胜铁镁质岩具有Nb、Ta、Ti等高场强元素亏损的岛弧岩浆地球化学特征,也认为这些岩石形成于俯冲环境。最近在广西龙胜和湖南古丈一带发现了760Ma左右的枕状玄武岩,可能暗示了760Ma时期岛弧环境的存在。结合研究区碎屑锆石U-Pb年代学研究结果,下江群时期沉积物中未见华夏地块物源,下江群沉积区与华夏地块尚未完全联通,华夏地块与扬子地块在下江群时期尚未拼贴一体。而下江群的砂岩碎屑组成、碎屑岩全岩地球化学和锆石微量元素地球化学研究也明确显示,江南造山带西段在760Ma左右仍然处于岛弧构造背景。因此,笔者认为江南造山带西段(贵州段)下江群的沉积构造背景属于沟-弧-盆体系的弧后盆地环境,桂北龙胜的枕状玄武岩可能是下江群时期的"岛弧"。

三、下江群的沉积盆地演化

江南造山带西段(贵州段)梵净山群及其相当层位和下江群及其相当层位的沉积构造背景属于沟-弧-盆体系的弧后盆地环境,其动力学机制属于弧-陆俯冲-弧后伸展模式。

扬子地块周缘在整个新元古代时期可能处于活动大陆边缘背景,其时间在950~720Ma。扬子地块和华夏地块在新元古代时期的运动方向一致,主体向北西方向俯冲。碎屑锆石年龄频率图显示江南造山带西段的火山岩年龄集中在870~750Ma,其年龄谱峰值主要为820Ma左右,其次为870Ma左右和760Ma,揭示了江南造山带西段的三期新元古代的主要构造-岩浆事件;而未显示940Ma和900Ma的年龄峰值,暗含江南造山带西段不存在格林威尔造山作用。820Ma峰值年龄是武陵运动的构造-岩浆作用发生时间;760Ma峰值年龄是雪峰运动的构造-岩浆作用开启的时间;870Ma峰值年龄表明了梵净山和四堡群沉积之前的一次构造-岩浆作用时间。基于上述认识,笔者构建了江南造山带西段新元古代的沉积动力学模式(图5-24)。

(a)870~830Ma时期:江南造山带西段处于沟-弧-盆体系,沉积了梵净山、四堡群的一套具复理石建造的碎屑岩。

(b)830~815Ma时期:由于华夏地块和扬子地块之间的洋壳俯冲汇聚作用,导致江南造山带西段发生大规模构造-岩浆作用——武陵挤压造山作用,形成了江南褶皱带雏形。造山作用导致四堡群、梵净山群发生浅变质作用。造山作用晚期在扬子地块东缘(江南造山带)边缘发生弧陆增生作用,形成新的火山岛弧——龙胜火山弧胚胎。地貌上形成了西高(梵净山)东低(从江)的古地理格架。造山作用之后820~815Ma发生剥蚀夷平作用。

(c)815~770Ma时期:由于扬子地块与华夏地块持续汇聚作用,广西龙胜一带岛弧环

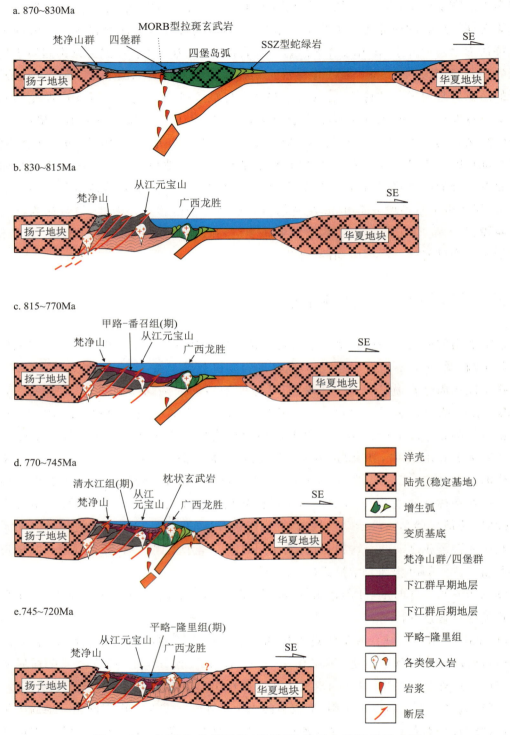

图 5-24 江南造山带西段(贵州段)新元古代演化模式图

境逐渐发育并最终成熟。沉积了下江群下部甲路-番召组地层。

(d) 770~745Ma时期：华夏地块再次开始向扬子地块俯冲汇聚，但扬子地块自身不断向北西后撤，在扬子地块西缘与北缘发生大规模俯冲汇聚，即雪峰期弧-陆造山作用开启，消减了扬子东南缘（江南造山带）的俯冲汇聚效应，雪峰运动仅在扬子地台西缘和北缘导致上下地层之间的角度不整合。此外，由于扬子地块东南缘，即江南造山带西段汇聚持续时间长，虽然发生着弧-陆俯冲汇聚作用，但其表现形式仅是区域基底的差异性抬升和同沉积地层中的微弱褶皱变形，主要表现为：①研究区由北西向南东具有"在重庆和湖南北西地区清水江组及相当层位与上覆南华系呈小角度不整合→黔东梵净山等地清水江组与上覆南华系呈微角度不整合至假整合→贵州三穗—雷山一线以南东地区清水江组与上覆平略组呈整合接触"；②下江群上部的平略组和隆里组地层沉积范围急剧萎缩，物源发生了改变；③清水江组发育大量挤压变形、滑移变形、同生断层等同沉积构造；④清水江组之前和之后的物源发生了明显的变化。

(e) 745~720Ma时期：华夏地块与扬子地块持续发生俯冲作用，可能已经完全拼贴一体。770~745Ma也是下江期盆地内部应力由拉张伸展向挤压收缩转变时期。

直至全球冰期发育，下江群沉积盆地最终消亡。

第六章 结 论

本书主要运用造山带沉积学的研究思路和方法,对江南造山带西段(贵州段)下江群开展了包括沉积地质学、碎屑岩全岩地球化学、砂岩碎屑组分、碎屑锆石 U-Pb 年代学和微量元素等多方面的研究,获得了以下主要认识。

(1)下江群属于新元古代,江南造山带基底的构造背景与属性和"格林威尔造山运动"无关。

(2)下江群是一套具有复理石特征的火山碎屑岩建造,主体属于滨海至半深海沉积环境。下江群岩性以粉砂质板岩、泥质粉砂岩、泥质粉—细砂岩、凝灰质板岩、凝灰质粉砂岩、沉凝灰岩等为主;沉积构造主要发育水平层理、平行层理、粒序层理、交错层理、块状层理、均匀层理、脉状和透镜状层理等,事件沉积有滑塌-滑移事件沉积和浊流事件沉积。

(3)建立了下江群的年代地层格架,并开展了区域地层划分与对比。四堡群河村组顶部的碎屑岩、下江群中乌叶组第一段顶部的含凝灰质碎屑岩、清水江组底部沉凝灰岩、清水江组中部的沉凝灰岩、平略组中上部的含凝灰质碎屑岩及隆里组中下部的碎屑岩中锆石最小年龄组的加权平均年龄分别为 (819.8 ± 6.4) Ma、(779.5 ± 4.7) Ma、(764.0 ± 6.3) Ma、(756.8 ± 7.6) Ma、(756 ± 13) Ma、(733.9 ± 8.8) Ma 及 (725 ± 10) Ma。以这些年龄数据为基础约束下江群地层沉积时限为 815～720Ma。其中,甲路组一段沉积时限为 815～805Ma;甲路组二段钙质岩系沉积时限为 805～800Ma;乌叶组一段沉积时限为 800～780Ma;乌叶组第二段至番召组沉积时限为 780～770Ma;清水江组沉积时限为 770～745Ma;平略和隆里组沉积时限为 745～720Ma。

(4)下江群盆地演化经历了以下 5 个阶段:①早期剥蚀夷平和填平阶段(甲路组一段时期);②盆地初始伸展阶段(甲路组二段时期);③盆地持续伸展阶段(乌叶组和番召组时期);④盆地差异性隆升阶段(清水江组时期);⑤盆地萎缩和快速消亡阶段(平略组至隆里组时期)。

(5)下江群沉积盆地的性质属于弧后盆地,其岛弧在广西龙胜一带。①砂岩碎屑颗粒组成统计结果在 Q-F-L、Q-M-Lt 和 Qp-Lv-Ls 图解上,显示下江群砂岩物源较为复杂,主要来自再旋回造山带物源及岩浆弧物源,其沉积岩碎屑成分来自与弧有关的再旋回造山带。基本没有来自稳定地块的物源,反映没有来自或较少来自扬子地块内部的物源。综合分析认为物源主要来自扬子地块周缘的增生带,这些增生带的性质属于岛弧造山带。特别是下江群(尤其是清水江组及其之下层位)物源组分图解中具有明显弧造山带物源,说明该时期区域上存在岩浆弧,而下江群应处于弧后盆地沉积环境。②全岩地球化学研究中,主量元素含量及比值、稀土微量元素含量及比值、稀土元素配分模式、微量元素蛛网图和主量、微量元素判别图解等多种、多重参数判别结果表明下江群的碎屑沉积物形成于活动大陆边缘环境,其中,又可以划分为 2 个阶段,甲路组至清水江组时期为典型的活动大陆边缘环境,而平略组和隆里组特别是隆里组时期其沉积构造环境表现为活动大陆边缘环境不断消失而逐渐向被动大陆边缘环境演化。③下江群和四堡群中锆石微量元素 Th/U-Nb/Hf 和 Th/Nb-Hf/Th 投图显示,所有年龄段的锆石颗粒绝大多数投在岩浆弧/造山带环境区域,极少数投在岩浆弧/造山带和板内/非造山环境的共同区域,个别投点落在板内/非造山带环境区域,显示研究区在新元古代及其之前的大地构造背景属于岛弧/造山带环境。利用 Hf-Th/Yb、Hf-U/Yb、Y-U/Yb 和 Y-Th/Yb 等图解得出绝大多数锆石颗粒投点落在大陆花岗质岩石锆石区域,极少数点落入大洋地壳锆石区域,但落入大陆花岗质岩石锆石区域中近一半的点为花岗质岩石和大洋地壳锆石的混合区域,这些锆石更接近于大洋地壳锆石的比值而远离大陆花岗质岩石的比值。另外,研究表明大陆弧和一些岛弧岩石中可见具有与大陆壳岩石相似的微量元素特征和重叠区域,下江群岩石中的锆石可能形成于弧-陆俯冲带环境,而与洋中脊型(MOR)岩石的锆石存在差异。④扬子地块东南缘(江南造山带)东段的双桥山群和西段的梵净山群、冷家溪群、四堡群的碎屑锆石年龄谱峰值基本相似。扬子地块东南缘(江南造山带)西段下江群、丹洲群、板溪群和东段下江期的碎屑锆石年龄谱峰值也基本相似,仅两个较老的次年龄峰值存在差异。四堡群及其相当层位与下江群及其相当层位的碎屑锆石年龄谱峰值比较,四堡期的 1600Ma 和 1950Ma 年龄峰值较 2500Ma 年龄峰值更为明显,而下江期则是 2500Ma 和 2000Ma 年龄峰值较 1600Ma 和 1800Ma 年龄峰值更为明显,反映物源区的变化或是物源区剥蚀层位的变化。二者与华夏地块岩浆岩和扬子地块内部岩浆岩年龄谱峰值比较明显不同,而与扬子地块周缘岩浆岩年龄谱峰值相似。揭示物源区主要是扬子地块周缘增生带;而来自扬子地块内部物源信息弱可能暗示扬子地块基地未处于剥蚀高位地段;此外,没有来自华夏地块物源信息,反映当时沉积区与华夏地块存在天然屏障,暗示华夏地块与扬子地块在新元古代时期尚未完全拼贴一体,二者之间仍然是以深海(海沟)相隔。而大量同沉积锆石年龄信息反映来自活动的火山物质。

综上,江南造山带西段可能长期处于沟-弧-盆体系,该构造环境至少持续至新元古代时期下江群(约 760Ma),下江群时期其岛弧在广西龙胜一带。

(6)下江群的沉积盆地转换发生在清水江组时期,清水江组时期之前为拉伸背景,清水江组时期之后盆地由拉伸向挤压性质转换,同时清水江组时期是下江群沉积盆地的物源转变期。对下江群各个组段的碎屑锆石作年龄频率图,年轻的年龄峰值总体上逐渐变新,下江群下部地层(甲路组至清水江组)中老锆石年龄峰值较为明显,而上部(平略组至隆里组)中老锆石年龄谱基本没有,揭示了清水江组前后物源区发生了变化,清水江组时期是物源转换的关键时期。下江群下部物源可能来自扬子地块周缘四堡期地层沉积区和扬子地块基底物源；而下江群上部物源转变为下江群下部地层沉积区，而来自四堡期沉积物源和扬子地块基底内部物源较少。清水江组的沉凝灰岩年龄(770～740)Ma与广西龙胜的枕状玄武岩和基性岩浆岩年龄(760Ma)在误差范围内基本一致，显示清水江组源区来自东南不远的广西龙胜一带。770～740Ma扬子地块北缘及雪峰山地区的岩浆活动虽然很明显，并造成了该期新元古代下江期地层与南华纪地层的角度不整合接触，但是由于扬子地块相隔，北部无法为南缘提供物源(如果提供物源必然有更多的扬子地块内部物源信息)。

(7)下江群沉积盆地的动力学机制属于俯冲(弧-陆)—伸展模式。①870～830Ma时期：江南造山带西段(贵州段)处于沟-弧-盆体系，沉积了梵净山/四堡群的一套具复理石建造的碎屑岩。②830～815Ma时期：发生强烈的挤压造山作用(武陵运动)导致江南造山带西段发生大规模岩浆活动，江南褶皱带最终形成。③815～770Ma时期：发生断续的俯冲汇聚作用，广西龙胜一带岛弧环境逐渐发育并最终成熟。沉积了下江群甲路-番召组地层。④770～745Ma时期：华夏地块再次开始向扬子地块俯冲汇聚，但扬子地块自身不断向西(北)运动，在扬子地块北部、西缘和北缘发生大规模俯冲汇聚—弧-陆造山作用，消减了扬子东南缘的俯冲汇聚效应。另外，由于汇聚作用可能持续较长时间，区域上仅在扬子地台西缘和北缘造成地层间的角度不整合关系，而在扬子地块东南缘(江南造山带西段)则仅表现为区域基底的差异性抬升和同沉积地层的褶皱变形。⑤745～720Ma时期：下江群沉积盆地逐渐消亡，华夏地块与扬子地块可能已经完全拼贴一体。

主要参考文献

陈国达,1956.中国地台"活动区"的实例并着重讨论"华夏古陆"问题[J].地质学报,36(3):239-272.

陈建书,戴传固,彭成龙,等,2014a.黔东南从江地区新元古代下江群花岗岩的特征及其地质意义[J].沉积与特提斯地质,34(1):61-71.

陈建书,戴传固,彭成龙,等,2014b.黔东及邻区新元古代甲路组岩石地层对比及其古地理意义[J].沉积学报,32(1):19-26.

陈文一,卢焕章,王中刚,等,2006.黔东南新元古界青白口系下江群火山碎屑浊流沉积与金矿关系的初步研究[J].古地理学报,8(4):487-497.

陈文西,王剑,付修根,等,2007.黔东南下江群甲路组沉积特征及其下伏岩体的锆石U-Pb年龄意义[J].地质论评,53(1):126-131.

陈志洪,郭坤一,董永观,等,2009.江山-绍兴拼合带水平段可能存在新元古代早期板片窗岩浆活动:来自锆石LA-ICP-MS年代学和地球化学的证据[J].中国科学,39(7):994-1008.

程裕淇,1994.中国区域地质概论[M].北京:地质出版社.

戴传固,2010.黔东及邻区地质构造特征及其演化[D].北京:中国地质大学(北京).

戴传固,王敏,陈建书,等,2012.黔桂交界龙胜地区玄武岩-流纹英安岩组合特征及其地质意义[J].地质通报,31(9):1379-1386.

丁炳华,史仁灯,支霞臣,等,2008.江南造山带存在新元古代(~850Ma)俯冲作用:来自皖南SSZ型蛇绿岩锆石SHRIMP U-Pb年龄证据[J].岩石矿物学杂志,27(5):375-388.

董宝林,1993.丹州群岩相特征及其有关问题的讨论[J].广西地质,6(3):33-38.

董树文,薛怀民,项新葵,等,2010.赣北庐山地区新元古代细碧岩-角斑岩系枕状熔岩的发现及地质意义[J].中国地质,37:21-3.

杜秋定,汪正江,王剑,等,2013.湘中长安组碎屑锆石LA-ICP-MS U-Pb年龄及其地质意义[J].地质论评,59(2):334-344.

杜远生,1998.关于造山带动力沉积学若干问题的思考[J].地学前缘,5(增刊):134-139.

杜远生,黄虎,杨江海,等,2013.晚古生代—中三叠世右江盆地的格局和转换[J].地质论评,(1):1-11.

高林志,杨明桂,丁孝忠,等,2008.华南双桥山群和河上镇群凝灰岩中的锆石SHRIMP U-Pb年龄:对江南新元古代造山带演化的制约[J].地质通报,27(10):1744-1751.

高林志,戴传固,刘燕学,等,2010a.黔东南—桂北地区四堡群凝灰岩锆石SHRIMP U-Pb年龄及其地层学意义[J]. 地质通报,29(9):1259-1267.

高林志,戴传固,刘燕学,等,2010b. 黔东地区下江群凝灰岩锆石 SHRIMP U-Pb 年龄及其地层意义[J]. 中国地质,37(4):1071-1080.

高林志,陈峻,丁孝忠,等,2011. 湘东北岳阳地区冷家溪群和板溪群凝灰岩 SHRIMP 锆石 U-Pb 年龄:对武陵运动的制约[J]. 地质通报,30(7):1001-1008.

高林志,刘燕学,丁孝忠,等,2013. 江山-绍兴断裂带铁沙街组变流纹岩 SHRIMP 锆石 U-Pb 测年及其意义[J]. 地质通报,32(7):996-1005.

高林志,陈建书,戴传固,等,2014. 黔东地区梵净山群与下江群凝灰岩 SHRIMP 锆石 U-Pb 年龄[J]. 地质通报,33(7):949-959.

葛文春,李献华,李正祥,等,2001. 龙胜地区铁镁质侵入岩体:年龄及其地质意义[J]. 地质科学,36(1):112-118.

广西壮族自治区地质矿产局,1985. 广西壮族自治区区域地质志[M]. 北京:地质出版社.

贵州省地质矿产局,1987. 贵州省区域地质志[M]. 北京:地质出版社.

贵州省地质调查院,2017. 中国区域地质志·贵州卷[M]. 北京:地质出版社.

郭令智,卢华复,施央申,等,1996. 江南中、新元古代岛弧的运动学和动力学[J]. 高校地质学报,2(1):1-13.

韩吟文,马振东,2003. 地球化学[M]. 北京:地质出版社.

和钟铧,刘招君,张峰,等,2001. 重矿物在盆地分析中的应用研究进展[J]. 地质科技情报,20(4):29-32.

胡丽沙,2015. 华南板块南缘二叠系—三叠系沉积记录及物源分析:对华南板块海西-印支造山运动的启示[D]. 武汉:中国地质大学(武汉).

湖南省地质矿产局,1988. 湖南省区域地质志[M]. 北京:地质出版社.

胡宁,谌建国,1999. 雪峰山地区前震旦纪大地构造演化及沉积岩相特征[J]. 华南地质与矿产,4:10-15.

李江海,穆剑,1999. 我国境内格林威尔期造山带的存在及其对中元古代末期超大陆再造的制约[J]. 地质科学,34(3):259-272.

李思田,1995. 沉积盆地动力学分析[J]. 地学前缘,2(3-4):1-8.

李献华,李正祥,葛文春,等,2001. 华南新元古代花岗岩的锆石 U-Pb 年龄及其构造意义[J]. 矿物岩石地球化学通报,20(4):271-273.

李献华,李正祥,周汉文,等,2002. 皖南新元古代花岗岩的 SHRIMP 锆石 U-Pb 年代学元素地球化学和 Nd 同位素研究[J]. 地质论评,48(增刊):1-15.

李忠,李任伟,孙枢,等,1999. 合肥盆地南部侏罗系砂岩碎屑组分及其物源构造属性[J]. 岩石学报,15(3):438-445.

卢定彪,肖加飞,林树基,等,2010. 湘黔桂交界区贵州省从江县黎家坡南华系剖面新观察:一条良好的南华大冰期沉积记录剖面[J]. 地质通报,29(8):1143-1151.

陆慧娟,华仁民,毛光周,等,2007. 德兴地区新元古代镁铁-超镁铁岩的地球化学特征及其地质意义[J].矿物学报,27:153-158.

罗来,孙海清,黄建中,等,2013.湘西地区五强溪组沉积环境分析与区域对比[J].华南地质与矿产,29(3):183-191.

马慧英,孙海清,黄建中,等,2013.湘中地区高涧群凝灰岩 LA-ICP-MS 锆石 U-Pb 年龄及其地质意义[J].矿产勘查,4(1):69-74.

孟庆秀,张健,耿建珍,等,2013.湘中地区冷家溪群和板溪群锆石 U-Pb 年龄、Hf 同位素特征及对华南新元古代构造演化的意义[J].中国地质,40(1):191-216

潘传楚,2001.沧水铺群的演替及其岩石地层学问题:论湖南新元古界底部岩石地层序列[J].大地构造与成矿,25(2):217-224.

秦守荣,朱顺才,王砚耕,1984.黔东晚元古早期地层岩组的重新划分[J].贵州地质,2(2):11-14.

覃永军,杜远生,牟军,等,2015.黔东南地区新元古代下江群的地层年代及其地质意义[J].地球科学(中国地质大学学报),40(7):1107-1121.

丘元禧,1999.雪峰山的构造性质与演化:一个陆内造山带的形成演化模式[M].广州:中山大学出版社.

沈渭洲,舒良树,向磊,等,2009.江西井冈山地区早古生代沉积岩的地球化学特征及其对沉积环境的制约[J].岩石学报,25(10):42-58.

孙海清,黄建中,汪新胜,等,2013.扬子东南缘"南华纪"盆地演化:来自新元古代花岗岩的年龄约束[J].中国地质,40(6):1725-1734.

孙海清,黄建中,杜远生,等,2014,扬子地块东南缘南华系长安组同位素年龄及其意义[J].地质科技情报,33(2):15-21.

唐晓珊,黄建中,何开善,1994.论湖南板溪群[J].中国区域地质,21(3):274-277.

涂荫玖,杨晓勇,郑永飞,等,2011.皖东南黄片麻岩的锆石 U-Pb 年龄[J].岩石学报,17(1):157-160.

万渝生,刘敦一,简平,2004.独居石和锆石 SHRIMP U-Pb 定年对比[J].科学通报,49(12):1185-1190.

汪正江,2008.黔东地区新元古代裂谷盆地演化及地层划分对比研究[D].北京:中国地质科学院.

汪正江,王剑,谢渊,等,2009,重庆秀山凉桥板溪群红子溪组凝灰岩 SHRIMP 锆石测年及其意义[J].中国地质,36(4):761-768.

汪正江,许效松,杜秋定,等,2013.南华冰期的底界讨论:来自沉积学与同位素年代学证据[J].地球科学进展,28(4):477-489.

王成善,李祥辉,2003.沉积盆地分析原理与方法[M].北京:高等教育出版社.

王鸿祯,王自强,张玲华,等,1994.中国古大陆边缘中、新元古代及古生代构造演化[M].北京:地质出版社.

王剑,李献华,DUAN T Z,等,2003.沧水铺火山岩锆石 SHRIMP U-Pb 年龄及"南华系"底界新证据[J].科学通报,48(16):1726-1731.

王剑,2005.华南"南华系"究新进展——论南华系地层划分与对比[J].地质通报,24(6):491-495.

王剑,曾昭光,陈文西,等,2006.华南新元古代裂谷系沉积超覆作用及其开启年龄新证据[J].沉积与特提斯地质,26(4):1-7.

王劲松,周家喜,杨德智,等,2012.黔东南宰便辉绿岩锆石 U-Pb 年代学和地球化学研究[J].地质学报,86(3):460-469.

王丽娟,于津海,O'REILLY S Y,2008.华夏南部可能存在 Grenville 期造山作用:来自基底变质岩中锆石 U-Pb 定年及 Lu-Hf 同位素信息[J].科学通报,53(14):1680-1692.

王敏,2012.黔东北梵净山地区晚元古代岩浆活动及其大地构造意义[D].北京:中国地质大学(北京).

王鹏鸣,2012.湘桂地区基底变质岩的地球化学和年代学研究[D].南京:南京大学.

王孝磊,周金城,邱检生,等,2004.湘东北新元古代强过铝质花岗岩的成因:年代学和地球化学证据[J].地质论评,50(1):65-76.

王砚耕,朱士兴,1984.黔中陡山沱时期含磷地层及磷块岩研究的新进展[J].中国区域地质,(1):135.

王艳楠,张进,陈必河,等,2014.雪峰山黔阳地区基性岩锆石 SHRIMP U-Pb 年龄及意义[J].大地构造与成矿学,38(3):706-717.

王自强,高林志,丁孝忠,等,2012."江南造山带"变质基底形成的构造环境及演化特征[J].地质论评,58(3):401-413.

伍皓,江新胜,王剑,等,2013.湘东南新元古界大江边组和埃岐岭组的形成时代和物源——来自碎屑锆石 U-Pb 年代学的证据[J].地质论评,59(5):853-868.

吴福元,李献华,郑永飞,等,2007.Lu-Hf 同位素体系及其岩石学应用[J].岩石学报,23(2):185-220.

吴荣新,郑永飞,吴元保,2007.皖南新元古代井潭组火山岩锆石 U-Pb 定年和同位素地球化学研究[J].高校地质学报,13(2):282-296.

吴元保,郑永飞,2004.锆石成因矿物学研究及其对 U-Pb 年龄解释的制约[J].科学通报,49(16):1589-1604.

薛怀民,马芳,宋永勤,等,2010.江南造山带东段新元古代花岗岩组合的年代学和地球化学:对扬子与华夏地块拼合时间与过程的约束[J].岩石学报,26(11):3215-3244.

徐亚军,杜远生,余文超,等,2018.华南东南缘早古生代沉积地质与盆山相互作用[M].武汉:中国地质大学出版社.

许志琴,李廷栋,杨经绥,等,2008.大陆动力学的过去、现在和未来——理论与应用[J].岩石学报,24(7):1433-1444.

杨菲,汪正江,王剑,等,2012.华南西部新元古代中期沉积盆地性质及其动力学分析[J].地质论评,58(5):854-864.

杨江海,2012.造山带碰撞-隆升过程的碎屑沉积响应:以北祁连志留系、右江二叠—三叠系和大别山南麓侏罗系为例[D].武汉:中国地质大学(武汉).

杨文涛,2012.济源盆地中三叠统—中侏罗统沉积特征及其对秦岭造山带造山过程的沉积响应

[D].武汉:中国地质大学(武汉).

尹崇玉,刘敦一,高林志,等,2003.南华系底界与古城冰期的年龄:SHRIMP Ⅱ定年证据[J].科学通报,48(16):1721-1725.

于津海,周新民,O'REILLY Y S,等,2005.南岭东段基底麻粒岩相变质岩的形成时代和原岩性质:锆石的U-Pb-Hf同位素研究[J].科学通报,50(16):1758-1767.

于津海,O'REILLY Y S,王丽君,等,2007.华夏地块古老物质的发现和前寒武纪地壳的形成[J].科学通报,52(1):11-18.

于津海,王丽君,O'REILLY Y S,等,2009.赣南存在古元古代基底:来自上犹陡水煌斑岩中捕虏锆石的U-Pb-Hf同位素证据[J].科学通报,54(7):898-905.

张传恒,刘耀明,史晓颖,等,2009.下江群沉积地质特征及其对华南新元古代构造演化的约束[J].地球学报,30(4):495-504.

张春红,范蔚茗,王岳军,等,2009.湘西隘口新元古代基性—超基性岩墙年代学和地球化学特征:岩石成因及其构造意义[J].大地构造与成矿学,33(2):282-293.

张国伟,郭安林,王岳军,等,2013.中国华南大陆构造与问题[J].中国科学:地球科学,10:1553-1582.

张泰贵,张继淹,1988.广西元古代地层及其沉积盆地演化特征[J].中国区域地质,2:109-116.

张晓阳,黄建中,唐晓珊,1995.湖南板溪期地层层序分析及格架探讨[J].湖南地质,14(1):27-30.

张少兵,2008.扬子陆核古老地壳及其深熔产物花岗岩的地球化学研究[D].合肥:中国科学技术大学.

张玉芝,王岳军,范蔚茗,等,2011.江南隆起带新元古代碰撞结束时间:沧水铺砾岩上下层位的U-Pb年代学证据[J].大地构造与成矿学,35(1):32-46.

赵军红,王伟,刘航,等,2015.扬子东南缘新元古代地质演化[J].矿物岩石地球化学通报,34(2):227-233.

周汉文,李献华,王汉荣,等,2002.广西鹰扬关群基性火山岩的锆石U-Pb年龄及其地质意义[J].地质论评,48(增刊):22-25.

周继彬,李献华,葛文春,等,2007.桂北元宝山地区超镁铁质岩的年代、源区及其地质意义[J].地质科技情报,26(1):11-18.

周金城,王孝磊,邱检生,2009.江南造山带形成过程中若干新元古代地质事件[J].高校地质学报,15(4):453-459.

郑建平,GRIFFIN W L,汤华云,等,2008.西部华夏地区深部可能存在与华北和扬子大陆相似的太古代基地[J].高校地质学报,14(4):549-557.

郑永飞,赵子福,唐俊,2007.大陆碰撞和超高压变质研究:进展和展望[J].中国科学技术大学学报,37(8):839-851.

曾雯,周汉文,钟增球,等,2005.黔东南新元古代岩浆岩单颗粒锆石U-Pb年龄及其构造意义[J].地球化学,34(6):10-18.

曾雯,2010.华夏地块闽西北地区变质岩系演化及其在前寒武纪超大陆重建中的作用[D].武汉:中国地质大学(武汉).

卓皆文,汪新胜,王剑,等,2015. 川西新元古界开建桥组底部沉凝灰岩锆石 SHRIMP U-Pb 年龄及其地质意义[J]. 矿物岩石,35(1):91-99.

BECKER T P,THOMAS W A,GEHRELS G E,2006. Linking late Paleozoic sedimentary provenance in the Appalachian Basin to the history of Alleghanian deformation[J]. American Journal of Science,306(10):777-798.

BELOUSOVA E,GRIFFIN W,O'REILLY S Y,et al,2002. Igneous zircon:Trace element composition as an indicator of source rock type[J]. Contributions to Mineralogy and Petrology,143(5):602-622.

BHATIA M R,TAYLOR S R,1981. Trace Element Geochemistry and sedimentary procinces:A study from the Tasman Geosyncline,Australia[J]. ChemGeol,33(1-4):115-125.

BHATIA M R,1983. Plate tectonics and geochemical composition of sandstones[J]. The Journal of Geology,91:611-628.

BHATIA M R,CROOK K,1986. Trace element characteristics of greywackes and tectonic setting discrimination of sedimentary basins[J]. Contributions to Mineralogy and Petrology, 92(2):181-193.

BHATIA M R,CROOK K A W,1987. Trace element characteristics of graywackes and tectonic setting discrimination of graywackes and tectonic setting discrimination of sedimentary basins[J]. Contrib Mineral Petrol,92:81-193.

BOYNTON W V,1984. Geochermistry of the rare earth elements[A]//Henderson P. Rare earth element geochemistry. Amsterdam:Elsevier:63-114

BRACCICLI L,PARRISH R R,Horstwood M S A,et al,2013. U-Pb LA-(MC)-ICP-MS dating of rutile:New reference materials and applications to sedimentary provenance[J]. Chemical Geology,347:82-101.

CAWOOD P A,1983. Modal composition and detrital clinopyroxene geochemistry of lithic sandstones from the New England Fold Beit(east Australia):A Paleozoic forearc terrance[J]. Geological Society of America Bulletin,94(10):1199-1214.

CLARBORNE L L,MILLER C F,WALKER B A,et al,2006. Tracing magmatic processes through Zr/Hf ratios in rocks and Hf and Ti in ratios:an example from the Spirit Mountain batholith,Nevada[J]. Mineralogical Magazine,70(5):517-543.

CLARBORENE L L,MILLER C F,WOODEN J L,et al,2010. Trace element composition of igneous zircon:a thermal and compositional record of the accumulation and evolution of a large silicic batholith,Spirit Mountain,Nevada[J]. Contrib Mineral petrol,160:511-531.

COX R,LOWE D R,CULLERS R L,1995. The influence of sediment recyaling and basement compesion on evolution of mudrock chemistry in the southweste united state[J]. Geochimica at Casmochimica Acta,59(14):2919-2940.

DICKINSON W R,1970. Interpreting detrital models of graywacke and arkose[J]. Journal of Sedimentay Petrology,40:695-707.

DICKINSON W R,SUCZEK C A,1979. Plate tectonics and sandstone composition[J]. AAPG Bulletin,63(12):2164-2182.

DICKINSON W R,BEARD L S,BRAKENRIDGE G R,et al,1983. Provenance of North American Phanerozoic sandstones in relation to tectonic setting[J]. Geological Society of America Bulletin,94:222-235.

DICKINSON W R,ANDERSON R N,BIDDLE K T,et al,1997. The Dynamics of Sedimentary Basins[M]. Washington D C:National Academy Sciences.

DU Y S,WANG J,HAN X,et al,2003. From flysch to molasse - the sedimentary and tectonic evolution of the late Caledonian - early Hercynian foreland basin in North Qilian Mountains[J]. Journal of China University of Geosciences,13(1):1-7.

FEDO C M,NESBITT H W,YOUNG G M,1995. Unraveling the effects of potassium metasomatism in sedimentary rocks and paleosols, with implications for paleweathering conditions and provenance[J]. Geology,23(10):921-924.

FEDO C M,SIRCOMBE K N,RAINBIRD R H,2003. Detrital zircon analysis of the sedimentary record[J]. Reviews in Mineralogy and geochemistry,53:277-303.

FLOYD P A,LEVERIDGE B E,1987. Tectonic environment of the devonion gramscatho basin, south comwall:Framework mode and geochemical evidence from turthiditic sandstones[J]. J. Geol. Soc. ,144(4):531-542.

FLOYD P A,WINCHESTER J A,PARK R G,1989. Geochemistry and lectonic setting of Lewisian clastic metasediments from the early proterozoic Loch Maree Group of Gairloch, NW Scotland [J]. Precambrian Research,45:203-214.

GAO S,LUO T C,ZHANG B R,et al,1999. Structure and composition of the continental crust in east China[J]. Science in China (D),42(2):129-140.

GARZANTI E,ANDO S,VEZZOLI G,2009. Grain - size dependence of sediment composition and environmental bias in provenance studies[J]. Earth and Planetary Science Letters,277(3-4):422-432.

GIRTY G H,RIDGE D L,KMAACK C,et al,1996. Provenance and depositional setting of Paleozoic chert and argillite,Sierra Nevada,California[J]. Journal of Sedimentary Research,66(1):107-118.

GRIMES C B,JOHN B E,KELEMEN P B,et al,2007. Trace element chemistry of zircons from oceanic crust:a method for distinguishing detrtal zircon provenance[J]. Geology,,35(7):643-646.

GU X X,1994. Geochemical charateristics of the triassic tethys-turbidites in the northwestern Sichuan,China: Implications for covenance and interpretation of the tectonic setting[J]. Geochim

Cosmochim Acta,58:4615 - 4631.

HAWKESWORTH C J,KEMP A I S,2006. Using hafnium and oxygen isotopes in zircons to unravel the record of crustal evolution[J]. Chemical Geology,266:144 - 162.

HOFMANN M,LINNEMANN U,RAI V,et al,2011. The India and South China cratons at the margin of Rodinia - Synchronous Neoproterozoic magmatism revealed by LA - ICP - MS zircon analyses[J]. Lithos,123:176 - 187.

HOSKIN P W O,IRELAND T R,2000. Rare earth element chemistry of zircon and its use as a provenance indicator[J]. Geology,28(7):627 - 630.

HOSKIN P W O,SCHALTEGGER U,2003. The composition of zircon and igneous and metamorphic petrogensis[C]. Hanchar J M, Hoskin P W O, editors. ziron. Reviens in Mineralogy and Geochemistry:Washington,D. C. 27 - 62.

HOSKIN P,2005. Trace-element composition of hydrothermal zircon and the alteration of hadean zircon from the Jock Hills,Australia[J]. Geochimica at Cosmochimica Acta,69(3):637 - 648.

HU Z C,GAO S,LIU Y S,et al,2008. Signal Enhancement in Laser Ablation ICP - MS by Addition of Nitrogenin the Central Channel Gas[J]. Journal of Analytical Atomic Spectrometry,23: 1093 -1101.

INGERSOLL R V,BULLARD T F,FORD R L,et al,1984. The effect of grain size on detrital modes:A test of the Gazzi - Dickinson point - counting method[J]. Journal of Sedimentary Petrology, 54:103 - 116.

KASANZU C,MABOKO M A H,MANYA S,et al,2008. Geochemistry of fine - grained clastic sedimentary rocks of the Neoproterozoic Ikorongo Group,NE Tanzania:Implications for provenance and source rock weathering[J]. Precambrian Research,164:201 - 213.

KROONENBERG S B,1994. Effects of provenance,sorting and weathering on the geochemistry of fluvial sands from different tectonic and climatic environments [C]//Proceedings of the 29th International Geological Congress Part A:69 - 81.

KUMON F,KIMINAMI K,1994. Modal and chenical compositions of the representative sandstones from the Japanese Island and their tectonic implications. in Kumon F, Yu K M. Proceedings 29th IGC,Part A. :Utrecht:VSP.

LENAZ D,KAMENETSKY V S,CRAWFORD A J,et al,2000. Melt inclusions in detrital spinel from the SE Alps (Italy - Slovenia):a new approach to provenance studies of sedimentary basins[J]. Contributions to Mineralogy and Petrology,139(6):748 - 758.

LETERRIER J,MAURY R C,THONON P,et al,1982. Clinopyroxene composition as a method of identification of the magmatic affinities of paleo - volcanic series[J]. Earth and Planetary Science Letters,59(1):139 - 154.

LI L M,SUN M,WANG Y J,et al,2011. U - Pb and Hf isotopic study of detrital zircons from the meta - sedimentary rocks in central Jiangxi Province, South China: Implications for the Neoproterozoic tectonic evolution of South China Block[J]. Journal of Asian Earth Sciences,41:44-55.

LI W X,LI X H,LI Z X,2008. Middle Neoproterozoic syn-rifting volcanic rocks in Guangfeng,South China: Petrogenesis and tectonic significance[J]. Cambridge University Press,145(4):475-489.

LI X H, LI Z X, GE W C,et al,2003. Neoproterozoic granitoids in South China:crustal melting above a mantle plume at ca. 825Ma? [J]. Precambrian Research,122:45-83.

LI Z X,ZHANG L H,POWELL C M,1995. South China in Rodinia:Part of the missing link between Australia-East Antarctica and Laurentia[J]. Geology,173(3):171-181.

LI Z X,LI X H,KINNY P D,et al,1999. The breakup of Rodinia:Did it start with a mantle plume beneath South China? [J]. Earth and Planetary Science Letters,173(3):171-181.

LI Z X,LI X H,ZHOU H W,2002. Grenvillian Continental Collisionin South China:New SHRIMP U-Pb Zircon Results and Implications for the Configuration of Rodinia[J]. Geology,30(2):163-166.

LI Z X,LI X H,KINNY P D,et al,2003. Geochronology of Neoproterozoic syn-rift magmatism in the Yangtze Craton,South China and correlations with other continents:evidence for a mantle superplume that broke up Rodinia[J]. Precambrian Research,122:85-109.

LIN M S,PENG S B,JIANG X F,et al,2015. Geochemistry,petrogenesis and tectonic setting of Neoproterozoic mafic-ultramafic rocks from the western Jiangnan orogen,South China[J]. Gondwana Research,35:338-356.

LIU Y S,HU Z C,GAO S,et al,2008. In Situ Analysis of Majorand Trace Elements of Anhydrous Minerals by LA-ICP-MS without Applyingan Internal Standard[J]. Chemical Geology,257(1-2):34-43.

MACDONALD F A,SCHMITZ M D,CROWLEY J L,et al,2010. Calibratingthe Cryogenian[J]. Science,327(59-70):1241-1243.

MARK C,COGNE N,CHEW D,2016. Tracking exhumation and drainage divide migration of the Western Alps:Atest of the apatite U-Pb thermochronometer as a detrital provenance tool[J]. GSA Bulletin.

MAYNARD J B,VALLONI R,YU H,1982. Composition of modern deep-sea sands from arc-related basins[J]. Geol Spec Pub,10:551-561.

MCLENNAN S M,1993. Weathering and global denudation[J]. The Journal of Geology,101:295-303.

MORTON A C,TODD S P,HAUGHTON P D W,1991. Developments in sedimentary provenance studies[J]. Geological Society Special Publication,57:1-11.

MORTON A C,JOHNSON M J,1993. Factors in the composition of detritalheavy minerals suites in Holocene sand of the Apure River drainagebasin,Venezuela[J]. Geological Society of America Special Paper,284:171 – 185.

MORTON A,WHITHAM A,FANNING C,2005. Provenance of Late Cretaceous to Paleocene submarine fan sandstones in the Norwegian Sea:Integration of heavy mineral, mineral chemical and zircon age data[J]. Sedimentary Geology,182(1):3 – 28.

MURRAY R W,BUCHHOLTZ M R,JONES D L,1990. Rare earth elements as indicators of different marine depositional environment in chert and shale[J]. Geology,18(3):268 – 271.

NESBITT N W,YOUNG G M,1982. Early Proterozoic climates and plate motions inferred from major element chemistry of lutites[J]. Nature,299:715 – 720.

NESBITT N W,YOUNG G M,1989. Formation and diagenesis of weathering profiles[J]. J. Geol,97:129 – 147.

PETTKE T,AUDETAT A,SCHALTEGGER U,et al,2005. Magmatic – to – hydrothernal crystallization in the W – Sn mineralized Mole Granite(NSW, Australia) Part II:evolving zircon and thorite trace element chemistry[J]. Chemical Geology,220:191 – 213.

PIERCE E L,HEMMING S R,WILLIAMS T,et al,2014. Acomparison of detrital U – Pb zircon,^{40}Ar –^{39}Ar hornblende,^{40}Ar –^{39}Ar biotite ages in marine sediments off East Antwrctica: Implications for the geology of subglacial terrains and provenance studies[J]. Earth Science Reviews,138:156 – 178.

QIU Y M,GAO S,MCNAUGHTON,et al,2000. First evidence of ＞3. 2Ga continental crust in the Yangtze craton of south and its im – plications for Archean crustal evolution and Phanerozoic tectonics[J]. Ueology,28:11 – 14.

ROONEY C B,BASU A,1994. Provenance analysis of muddy sandstones[J]. J. Sed. Res. ,64:2 – 7.

ROPERS J J W,SANTOSH M,2002. Configuration of Columbia, Mesoproterozoic Supercontinent [J]. Gondwana Research,5:5 – 22.

ROSER B P,KORSCH R J,1986. Determination of tectonic setting of sandstone-mudstone suites using SiO_2 content and K_2O/Na_2O ratio[J]. J. Geol. ,94:635 – 650.

ROSER B P,KORSCH R J,1988. Provenance signatures of sandstone-mudstone suites determined using discriminant function analysis of major-element data[J]. Chem. Geol. ,67:119 – 139.

RUBATTO D, HERMANN J,2007. Experimental zircon/ment and zircon/garnet trace element partitioning and implications for the geochronology of crustal rocks[J]. Chemical Geology,241:38 –61.

SCHULZ B,KLEMD R,BRATZ H,2006. Host rock compositional controls on zircon trace element signatures in metabasites from the Austroalpine basement[J]. Geochimica at Cosmochimica Acta,70:697 – 710.

SHU L S,DENG P,YU J H,et al,2008. The age and tectonic environment of the rhyolitic rocks on the western side of Wuyi Mountain, South China[J]. Science in China Series D:Earth Sciences,51(8):1053 – 1063.

SHU L S, FAURE M, YU J H, et al, 2011. Geochronological and geochemical features of the Cathaysia block (South China): New evidence for the Neoproterozoic breakup of Rodinia[J]. Precambrian Research, 187: 263-276.

SUN S S, MCDONOUGH W F, 1989. Chemical and isotopic systematics of oceanic basalts: implications for mantle composition and processes[J]. Geological Society, 42: 313-345.

TAYLOR S R, MCLENNAN S M, 1985. The Continental Crust: Its Composition and Evolution. An Examination of the Geochemical Record Preserved in Sedimentary Rocks[M]. London: Blackwell scientific Publication.

VANDERKAMP P C, LEAKE B E, 1985. Petrography and geochemistry of feldspathic and mafic sediments of the northeastern pacific margin[J]. Trans Rsoc Edinb, 76: 411-449.

WANG J, LI Z X, 2003. History of Neoproterozoic rift basins in South China: implications for Rodinia break-up[J]. Precambrian Research, 122(1): 141-158.

WANG L J, GRIFFIN W L, YU J H, et al, 2010. Precambrian rustal Evolutionofthe Yangtz eBlock Trackedby Detrital Zircons from Neoproterozoic Sedimentary Rocks[J]. Precambrian Research, 177: 1-2.

WANG W, ZHOU M F, 2012. Sedimentary Records of the Yangtze Block (South China) and Their Correlation with Equivalent Neoproterozoic Sequenceson Adjacent Continents[J]. Sedimentary Geology, 265: 126-142.

WANG W, ZHOU M F, YAN D P, et al, 2012. Depositional age, provenance, and tectonic setting of the Neoproterozoic Sibao Group, southeastern Yangtze Block, South China[J]. Precambrian Researc, (192-195): 107-124.

WANG W, ZHOU M F, YAN D P, et al, 2013. Detrital zircon record of Neoproterozoic active-margin sedimentationin the eastern Jiangnan Orogen, South China[J]. Precambrian Research, 235: 1-19.

WANG X C, LI X H, LI Z X, et al, 2012. Episodic Precambrian crust growth: Evidence from U-Pb ages and Hf-O isotopes of zircon in the Nanhua Basin, central South China[J]. Precambrian Research, 222-223: 386-403.

WANG X L, ZHOU J C, GRIFFIN W L, et al, 2007. Detrital zircon geochronology of Precambrian basement sequences in the Jiangnan orogen: Dating the assembly of the Yangtze and Cathaysia Blocks[J]. Precambrian Research, 159(1-2): 117-131.

WANG X L, SHU L S, XING G F, et al, 2012. Post-orogenic Extensionin the Eastern Part of the Jiangnan Orogen: Evidence from ca 800-760MaVolcanic Rocks[J]. Precambrian Research, 222(S1): 404-423.

WANG X L, ZHOU J C, GRIFFIN W L, et a, 2014. Geochemical zonation across a Neoproterozoic orogenic belt: Isotopic evidence from granitoids and metasedimentary rocks of the Jiangnan orogen, China[J]. Precambrian Research, 242: 154-171.

WANG Y J,FAN W,ZHANG G,et al,2013. Phanerozoic tectonics of the South China Block: key observations and controversies[J]. Gondwana Research,23(4):1273 – 1305.

WATSON E B,WARK D A,Thomas J B,2006. Crystallization thermometers for zircon and rutile [J]. Contrib Mineral Petrol,151:413 – 433.

WU F,YANG J,SIMON A,et al,2007. Detrital zircon U – Pb and Hf isotopic constraints on the crustal evolution of North Korea[J]. Precambrian Research,159:155 – 177.

XU X B,XUE D J,LI Y L,et al,2014. Neoproterozoic sequences along the Dexing – Huangshan fault zonein the eastern and geochemical constrains Jiangnan orogen,South China:Geochronological[J]. Gondwana Research,25:1919 – 216.

XU X S,O'REILLY Y S,GRIFFIN W L,et al,2004. Relict Proterozoic basement in the Nanling Mountains (SE China) and its tectonothermal overprinting[J]. TECTONICS,24:TC2003.

XU Y J,DU Y S,PETER C,et al,2010. Provenance record of a foreland basin:Detrital zircon U-Pb ages from Devonian strata in the North Qilian Orogenic Belt,China[J]. Tectonophysics,495: 337 – 347.

XU Y J,CAWOOD P A,DU Y S,et al,2014. Early Paleozoic orogenesis along Gondwana's northern margin constrained by provenance data from South China[J]. Tectonophysics,636:40 – 51.

YANG J H,CAWOOD P A,DU Y S,et al,2012. Laarge igneous and magmatic arc sourced Permian-Triassic volcanogenic sediments in China[J]. Sedimentary Geology,261-262:120 – 131.

YAO J L,SHU L S,SANTOSH M,et al, 2015. Neoproterozoic arc – related andesite and orogeny – related unconformity in the eastern Jiangnan orogenic belt:Constraints on the assembly of the Yangtze and Cathaysia blocks in South China[J]. Precambrian Research,262:84 – 100.

YE M F,LI X H,LI W X,et al,2007. SHRIMP zircon U – Pb geochronological and whole – rock geochemical evidence for an early Neoproterozoic Sibaoan magmatic arc along the southeastern margin of the Yangtze Block[J]. Gondwana Research,12:144 – 156.

YOUNG G M,NESBITT H W,1998. Processes controlling the distribution of Ti and Al in weathering profiles, siliciclastic sediments and sedimentary rocks[J]. Journal of Sedimentary Research,68(3):448 – 455.

YU J H,WANG L J,O'RILLY S Y,et al,2008. A Paleoproterozoic orogeny recorded in a long-lived cratonic remnant (Wuyishan terrane),eastern Cathaysia Block,China[J]. Precambrian Research,174:347 – 363.

YU J H,O'RELLY S Y,et al,2010. Components and episodic growth of Precambrian crust in the Cathaysia Block,South China Evidence from U-Pb ages and Hf isotopes of zircons in Neoproterozoic sediments[J]. Precambrian Research,181:97 – 114.

ZHANG M S,1997. Compressional orogenic belts and intracontinental foreland basins – an example of Northern Tarim And Southern Tianshan (in Chinese) [J]. Geoscinece,11(3):10.

ZHANG Q R,LI X H,FENG L J,et al,2008. A new age constrainton the on set of the Neoproterozoic glaciations in the Yangtze Platform, South China[J]. Journalof Geology,116(4):423-429.

ZHAO J H, ZHOU M F, ZHENG J P, 2013. Constraints from zircon U-Pb ages, O and Hf isotopic compositions on the origin of Neoproterozoic peraluminous granitoids from the Jiangnan fold Belt, South China[J]. Contrib Mineral Petrol,166:1505-1519.

ZHENG Y F, ZHANG S B, ZHAO Z F, et al, 2007. Contrasting zircon Hf and O isotopes in the two episodes of Neoproterozoic granitoids in South China: Implications for growth and reworking of continental crust[J]. Lithos,96:127-150.

ZHENG Y F, WU R X, WU Y B, et al, 2008. Rift melting of juvenile arc-derived crust: Geochemical evidence from Neoproterozoic volcanic and granitic rocks in the Jiangnan Orogen, South China[J]. Precambrian Research,163(3-4):351-383.

ZHOU C M, TUCKER R, XIAO S H, et al, 2004. New constraints on the ages of Neoproterozoic glaciations in south China[J]. Geology,32(5):437.

ZHOU J B, LI X H, GE W C, et al, 2007. Age and origin of middle Neoproterozoic mafic magmatism in southern Yangtze Block and relevance to the break-up of Rodinia[J]. Gondwana Research, 12(1-2):184-197.

ZHOU J B, WANG X L, QIU J S, et al, 2009. Geochronology of neoproterozoic mafic rocks and sandstones from northeastern Guizhou, south China: Coeval arc magmatismand sedimentation [J]. Precambrian Research,170(1-2):27-42.

ZHOU M F, KENNEDY A K, SUN M, et al, 2002a. Neoproterozoic arc-related mafic intrusions along the northern margin of South China: Implications for the accretion of Rodinia[J]. The Journal of geology,110(5):611-618.

ZHOU M F, YAN D P, KENNEDY A K, et al, 2002b. SHRIMP U-Pb zircon geochronological and geochemical evidence for Neoproterozoic arc-magmatism along the western margin of the Yangtze Block, South China[J]. Earth and Planetary Science Letters,196(1):51-67.